绽放心灵
——思瑶心路

李思瑶 著

图书在版编目（CIP）数据

绽放心灵：思瑶心路 / 李思瑶著 . -- 北京：北京联合出版公司，2016.5
　ISBN 978-7-5502-7581-2

Ⅰ . ①绽… Ⅱ . ①李… Ⅲ . ①人生哲学 – 通俗读物 Ⅳ . ① B821-49

中国版本图书馆 CIP 数据核字 (2016) 第 078521 号

绽放心灵：思瑶心路
著　　者｜李思瑶
监　　制｜李广顺
责任编辑｜杨　青　徐秀琴
策划编辑｜严　春
装帧设计｜HEAVEZ
营销推广｜周莹莹
出版发行｜北京联合出版公司
　　　　　北京市西城区德外大街 83 号楼 9 层
　　　　　邮编：100088
经　　销｜新华书店
印　　刷｜北京艺堂印刷有限公司
开　　本｜880mm×1230mm　　1/32
印　　张｜8.5
字　　数｜157 千字
版　　次｜2016 年 5 月第 1 版　 2016 年 5 月第 1 次印刷
书　　号｜ISBN 978-7-5502-7581-2
定　　价｜68.00 元

版权所有，侵权必究

目录
CONTENTS

序诗 / 005
自序 / 007

Chapter 1
烦恼都是自找的

改变命运 / 003
不要去比较 / 012
清理你的心灵 / 015

Chapter 2
少有人走的路

专注于解决之道 / 023
接纳每一天 / 030
放低自己 / 037
学会主动臣服 / 039
放下即心安 / 041
一切顺其自然 / 043

当下就是最好 / 047

你和世界是一体的 / 058

授人以渔 / 060

思瑶思语 / 066

Chapter 3
爱即是答案

唯有感恩与祝福 / 073

爱情如花 / 082

亲情如海 / 114

友情如醇 / 120

大爱如山 / 122

像婴儿一样表达 / 135

Chapter 4
成熟比成功更重要

商业竞争的最高境界 / 145

生命本是奇迹 / 164

目 录

思瑶思路 / 178

财富课学员心得 / 181

Chapter 5
灵心慧语

Chapter 6
平平淡淡才是真

乐山乐水 / 215

往事如烟 / 225

Chapter 7
关于公益行

让爱洒遍天涯 / 233

公益行学员分享 / 248

结语诗 / 260

重生的脚本

李思瑶

序 诗

时间：

封存了公元某年至公元 2008 年

画面：

定格在北欧

起幅：

我回望白教堂。

泪如水晶，我把它们挂在脖上前行……

我以为这是此生最黑暗的谷底，我没有一丝力气继续支撑生命。

我如一只荒漠中迷失的小羔羊，

软弱、呆滞、愚笨、固执、局限、荒唐、惶恐、混乱……

我非常糟糕，我非常恐惧。

中场：

"我不想死，我要活下来！"

我如困兽般在囚牢中咆哮，试图找到出口冲出。

转场：

2009 年，思瑶此生生于 25 岁，死于 25 岁……

落版：

重来一次，我的人生我做主！

一个关于思瑶的传奇人生，就此拉开了帷幕……

阳光总在风雨后

李思瑶

自 序

风如电,

雨如箭,

风雨中,

我走过。

温暖的阳光,

总在风雨后,

倾泄大地。

今天的我,

如春芽破土,

如黄鹂清鸣,

如山中清泉,

如大雁翱翔,

如海豚清舞,

一切如此清丽,

一切如此祥和,

一切尽在掌握。

Chapter 1
烦恼都是自找的

我们总是抱怨别人对我们不好,不喜欢我们,对我们不公平;我们抱怨自己不顺利,抱怨自己不成功……我们一直扮演受害者的角色,责怪外面的世界不好。"我的生命我做主",只有当我们愿意为外在的一切境遇负责,直面它们,在跋涉和探索中,成为生命的担当者时,我们就会成长、成熟起来。经历,而后了悟、觉醒、反省,再修正前行,我们才能变得美好且有智慧。然后,我们会发现人们开始喜欢我们了,愿意亲近我们、爱我们了。随之,好事、善事、福事、顺利的事也自然地光顾了我们。这时,我们会欣喜地发现,我们可以创造属于自己的人生。因为,当我们改变时,命运就改变了。

Chapter 1
烦恼都是自找的

改变命运

渴求是因为我们内在匮乏　　　　　2013 年 11 月 14 日

一天清早，某家精神病院里的一个病人说："我是神的儿子！你们都要臣服并供养我。"这时，又一个病人站起来回答："我不会养你。我没有你这个儿子，我就是神！"

一如这两个精神病患者，我们总渴望在自己的名字前面加个头衔，证明我们很重要。我们总希望自己是个人物，好像只有这样，才会觉得我们有价值，生活才有意义。

我们如此渴求被关注，因为我们内在匮乏；我们如此渴求被爱，因为我们内在没有喜悦。

领悟死亡

2014年8月30日

8月25日清晨5点,我从马尔代夫首都马累飞到卡塔尔首都多哈。在多哈机场办理好飞往迪拜的转机手续后,我在候机大厅等待起飞。

打开手机,看到了3个未接电话,都是爸爸打来的。一查短信,有留言:"外婆走了。"我想起前天姨妈曾告诉我,医生说外婆还有3个月时间。然而世事无常,外婆竟然这么快就离开了,没有留下一句话。

泪无声落下,我无力地、傻呆呆地登上飞往迪拜的班机,大脑一片空白。飞机到达迪拜,好友接机,我狠狠地抱住她,一路上聚积的悲情一股脑儿倾泻出来,我放声大哭,几分钟后才回过神来,脑海中清晰地闪过一个念头——我要马上回国!

外婆的去世,让我对死亡有了更深的领悟。

我的母族和父族亲属都很长寿,普遍能活八九十岁,最长的活到了101岁。但外婆的离世让我不得不面对并体验一个残酷的事实:即使活到100岁,人终究还是会死亡。从这个意义上说,生命的长短、意义与价值似乎都不那么重要了,真正值

Chapter 1
烦恼都是自找的

得关注的是我们在生命中成长了多少。当能看到这一点,这时生死于我们只有祥和。

外婆临去世的前三天,曾回顾自己的一生,总结说她从来没有爱过自己,说她很后悔,自己没有享用和享受。外婆这一辈子真是这样,临走前,她还在为遗产的分配问题揪心,因为她曾目睹隔壁一户人家的孩子们为争家产吵闹不休甚至大打出手。

显然外婆多虑了,我的妈妈表态放弃,舅舅也表示无所谓,但姨妈们依旧和和气气按照老人的意思平分给所有兄弟姐妹。

虽然外婆这一生已经走完,不可能重新来过,但她临终前能意识到这些,我也好欢喜。因为,外婆在那一刻的觉悟已让她的意识扬升,她完成了这趟生命之旅的功课。生命的意义就是好好爱自己,享受每一个当下,活出自在和喜悦。

我相信外婆会很欣慰地看到她的孩子们善良、和平、团结、互助地生活着。

在我的印象中,妈妈一直很强势、急躁,如老母鸡般保护全家,而唯独忘了自己。可这次,她竟然说出"听你爸的,由你爸做决定"这样的话。世间所有发生的事,没有好坏对错;即使是死亡,也不是一场灾难和伤痛,它只是一个发生,是一个生命某段旅程的结束、某个使命的完结，它让人从中领悟、感触和升华，这才是它的价值和意义。谢谢外婆的离世，她用离去的方式让她的女儿、我的母亲领悟和转化，从而扬升了家族的整体意识。

弟弟们从机场接到我，之后我直接奔向灵堂，来到大门口，爸爸和姨妈拦住了我，告诉我外婆所要求的仪式与我所学、所教不同，但我必须遵守。

这使我想起我的一个客户。他的奶奶初始信佛，后改信耶稣。他奶奶去世后，老人信仰的两个团队都想按自己的宗教仪式来办葬礼，争抢一具尸体，最后佛教一方获胜。整个过程分外喜剧和混乱。

然而我知道，外婆只是想通过她的葬礼，教会我臣服、尊重、接纳、允许和爱。

我是外孙女，不是教主；我是小女人，不是女皇。这里不是讲台，而是爱场。

从前我只是明白庄子为何笑，这一刻我却体验了"庄子笑"。（指庄子亡妻却鼓盆而歌的故事——编者注）

死亡不过是个游戏，上天的游戏，它与消失、痛苦、离别、

Chapter 1
烦恼都是自找的

悲伤没有关系，是人的头脑把它们联系起来的。

外婆的死亡只是一个幻相，世界是空白的，当心灵污染了，眼前才有了"象"。

"出淤泥而不染"的过程，是回归自性！

习惯去品尝花蜜　　　　　　　　　2015年3月5日

今天，耳边传来最多的信息，不是关于元宵，而是关于一位记者。

有褒赞声，也有批评、批判声，从政治、商业、"顶层设计"各个角度，当然，也有个别人在聊八卦、挖隐私。哈哈！

这让我想起一个故事：老师让学生们回家看一本书。一周后，老师让学生们分享自己的心得、领悟和成长。大家都热烈地分享着自己的所得。这时有个学生站起来说："老师，我在书中发现了三十二个错别字、一个错误的标点符号和十五个错误的语句需要调整……"老师听完后，把全班学员带出教室，来到花园看花，并问："蜜蜂在做什么？"学生们齐声答："采蜂蜜！"接着，老师把孩子们带到厕所的粪坑旁,又问:"苍蝇在做什么?"学生们齐答:"闻大便!"

你在关注什么?又联想到了什么?我们的习惯是去发现美,还是盯着丑不放?

用心领悟生活、感受生活吧!因为它是鲜活的、充满喜悦的!

感恩这位记者,她让我们沉思生命的意义,沉思生活的真谛。沉思,从我做起!

香从树出　　　　　　　　　　　　2015年3月26日

两天前,在西安吴教授那里认识了两位做香的女孩,交谈中了解到沉香形成的过程,才晓得自己太无知。我原以为沉香就是从沉香树上砍下的木头。

原来沉香并不等于沉香木,但沉香又必须诞生于香木中。

当香树遭受电闪雷劈、强风吹折、兽虫啃咬、人工砍伐等创伤时,自身会分泌树脂来愈合伤口。期间,创口部会被一种叫作"黄绿墨耳真菌"的微生物侵入感染,这种真菌为了在树体中生存,就会逆境代谢——这是一种奇妙的生物化学反应过

Chapter 1
烦恼都是自找的

程。沉香树本身的抗体类物质与侵入树体内的黄绿墨耳真菌等物质混合在一起，产生了一种新的化合物。随着生化过程的持续深入，沉香形成。

沧海桑田，生生不息。随着自然界的变迁，也许有一天，香树会倒在土中，被泥土掩盖；或者森林被洪水淹沉，香树沉在湖中。千百年后，树身腐朽消失，但沉香依然存在。当它们被人们发现后，则价值连城，被视若珍宝。

达摩祖师说："佛在心中，如香在树中。烦恼若尽，佛从心出；腐朽若尽，香从树出。"沉香在形成过程中的千锤百炼，不正是每个生命要修成正果、让灵魂回归的绝好比照吗？

嫉妒和失德　　　　　　　　2015年9月11日

看似无常和非常，化为裂变和巧合。四天时间里，飞流直下，风卷残云。该走的人离去，该留下的人支持，该来的人到来。舒服了，纯净了，宁静了，祥和了，顺畅了，上下一条心。嫉妒和失德，前者让人成魔，后者让人失去福报。在这两关上失败的人当反思。

我是一切问题的解答　　　　　2015年10月23日

美丽的花朵，令我们美好喜悦！

可爱的孩子们，令我们美好欢喜！

花和孩子的震波影响、感染了我们。

我们总抱怨别人对我们不好，不喜欢我们，对我们不公平；抱怨我们不顺利，抱怨我们不成功……那是我们心态的问题。只有当我们不断提高自己的意识、境界、格局，调整好自己的心态、情绪，当我们感觉舒服了，变得美好智慧了，我们才会有好的震波，影响、感染周围的人和事，于是，人们就会像看到花儿和孩子一样，喜欢我们，亲近我们，爱我们。好事、善事、福事、顺利的事也自然会光顾我们！

所以，"我"是一切问题的根源，也是一切问题的答案！

思瑶于北京

为什么忌妒　　　　　　　　　2016年2月2日

当我们用自己的短板和不足与对方的长处和优势比较时，

Chapter 1
烦恼都是自找的

我们就会产生无力感,它令我们难过、气馁甚至绝望。我们无法安住在这个谷底,无法放松,无法接受自己的不优秀、不完美。我们上蹿下跳,挣扎着想逃离,最后却让自己疲惫不堪。即便是我们的优势,一旦看到有人更突出,我们也会感觉到不安全,同样抓狂。

争强好胜、渴望第一、做到最好、寻求优越感,成为我们的第一追求。我们希望自己是最好的那个,被所有人接受和关注。似乎只有这样,我们才会感到舒服。一旦感到地位不稳、心里不舒服,我们就下意识地揪住对方的瑕疵不放,说三道四,搬弄是非,极尽诋毁之能事,试图把对方搞臭;或者干脆,我们使个心机设点儿障碍,让对方难堪、痛苦甚至满盘皆输。似乎这样,我们就会开心,就会得到安慰。

其实,我们偏离了正确的方向。我们不是要成为全世界最好的那个,只需要做最好的自己。天天向上,一天比一天进步,仅此而已。

专注于自己而非他人,这是力量和喜悦的源泉。

思瑶的内在阳光灿烂、丰盛而踏实,所以思瑶充满欢喜。

不要去比较

如如不动　　　　　　　　　　　2012 年 8 月 28 日

夏日炎炎，北京温度高达 39℃。一位有名的广告策划人身穿白色长袖齐膝 T 恤，T 恤上还绣着一个个大棉球，如牡丹盛开。如果在冬天穿这么一身，绝对会给人一种温暖的感觉。可是，这是气温高达 39℃ 的夏日啊！

我的经济课老师那天正好与他有约，看到他这身装扮，老师皱眉问："你不热呀？"该老兄顽童般一笑而答："哈哈哈，热的是你呀！"

Chapter 1
烦恼都是自找的

是呀！穿者心不热，自然身不热；看者心热，所以身热。

不要随便判断、分析他人，不要拿自己的标准去衡量他人，更不要因为外界的干扰而逃离自身真正的问题。

说到底，这是一种"如如不动"的精神境界，是那些修行成功的佛与阿罗汉们的心灵状态。他们面对一切世间的境缘，心里不产生执着。他们不执着世间的任何一种事物，因而面对一切事物，心理上能完全以随缘与平静来应对。

如如不动，走向内在宁静！

竞争对手是我自己　　2012年11月12日

我们以为外面有许多对手，以为自己活在竞争中。然而外面没有别人，生命只是一场与自己比赛的游戏。

我非常佩服王石，他读书深造，献身慈善，创立并领导着一家优秀的地产公司，还是一位不断探索生活的企业家、慈善者。他曾经被医生预言过可能会在轮椅上度过下半生的汉子，却用3年的时间，攀上了11座雪山，2次登顶珠穆朗玛峰，并且创造了6100米中国滑翔伞最高纪录。登珠峰对他来讲，是一个高度，对于大多数人来讲，也是一个高度。但王石成为了中国登顶珠峰年纪最大的人。是的，人生岂不是一座珠峰？而珠峰顶峰的含义，是我们不要和别人较劲，真正要挑战的是我们自己，需要战胜的也是我们自己。

正如一代宗师霍元甲所说，没有比武，只有自我的扩展！你不是被对手打败的，你是被自己吓败的！

11月7日，我在香港分别与法国人和美国人签定了2013年的合作计划。总结6年来的成功经验，我的核心竞争力就两个字——"不争"。

不争，就可以在外面停下来，集中精力做好内功，实施"文化＋创新＋服务"的七星级服务。老客户就那么多，与其为分这块"蛋糕"争得精疲力尽，最后拖垮自己，还不如自己另做一个"蛋糕"，还可以享受做"蛋糕"的过程！

"你们是中国最专业的团队，你们创造了展会每年20%的新客户递增。越来越多的新企业加入，是我们可持续发展的关键！"法方和美方负责人爽快签字。

Chapter 1

烦恼都是自找的

清理你的心灵

问题是生命的一部分

初记于 2012 年 8 月 1 日，改于 2016 年 1 月 28 日

朋友告诉我她在成都分享会上的遭遇，有人不准她讲课，说了许多难听的话……她委屈地抱着我哭诉。我安慰她说：

真诚地从内在去体验愤怒和痛苦，这和继续用头脑评判，或者单纯地哭喊，甚至把当事人叫到面前骂一顿是不一样的。后者仍是外在地解决问题。

去了解你愤怒和痛苦背后的原因，关于你的故事、你的部

分、你的向内旅程。而非他人，而非外在。

问题是生命的一部分，不要去幻想这个世界没有问题。问题每天都有，问题本身并不是一个问题。当问题来临，你的反应以及你如何认知问题、如何行动才是重点。

去了解问题背后的奥秘，去发现问题要告诉你什么秘密（关于你的），然后专注在解决之道，你会得到问题背后的礼物！

问题只是个存在，如你作为一个人也只是个存在。你赋予存在什么意义，决定了你是否受苦、受苦的程度及你生命的品质。

我举个例，方便你更好地理解：假如你是一架飞机，当你停在某个机场的跑道，一旦狂风暴雨、地震海啸发生，你就会受困，无法起飞甚至沦陷。但当你遨翔在天际，下面依然狂风暴雨、地震海啸，却无法阻挡、影响到你。因为你已经不在其中，你不在了。

问题依旧在那里，但你可以不在那里，即不在问题里。

Chapter 1
烦恼都是自找的

愤怒的负荷   2012年8月1日

你上完灵性课,充满喜悦地回到家。但没过几天,丈夫和孩子就会让你生气甚至发飙。在我看来,这是恩典。

如同我们要对整个屋子进行大扫除、大整理,首先需要把柜子腾空,把家具挪开。这时,衣服、用品散在床上、沙发上和桌子上,整个屋子里如一片乱麻。然而,混乱是暂时的,也是必经的。混乱场面结束的时间,取决于你收拾、清理的速度,重新整理放置后,整个屋子就会归于整齐、有序、平静和全新,一如初生。

清明从混沌中升起,这是你必须经验和穿越的。

内在的宁静   2012年12月26日

有学员问:"我总是焦虑,内在不宁静——东西失去后放不下;记性差,总掉东西,总在找东西;还有,看到霞姐,坐在她旁边,心就踏实,看不到她,心就空空的没寄托,怎么办?"

思瑶回答:"你需要拥有一个坚强的内在支柱。目前你的内在没有力量，头脑抗拒和阻碍你的内在成长，制造类似掉东西这样的琐事来使你偏离真正的问题，让你只是沉浸在外面的世界里。佛说：'如如不动！'这个'不动'只有在宁静中才能发生。我们讲'流动'，而'流动'的状态也只有在不抗拒、臣服和接纳中才能达到！"

内在清理   2016 年 1 月 29 日

　　内在清理：我不再压抑，开始对着空无咆哮，回溯穿越回原始点咆哮，当我咆哮够了，咆哮累了，紧绷的我放松下来，如孩子般开始哭泣，这让我的心变回孩子，变得柔软，没有力气去对抗、挣扎和纠结，我释放了大量的恐惧、负荷、悲伤的情绪。当这些干扰频率离开后，我发现我舒服了，同时自动发生了自我接纳，我感受到了内在和平，我体验到了平衡。

思瑶于马来西亚巴沙

Chapter 1
烦恼都是自找的

向上的旅程
2016 年 1 月 29 日

灵性的扬升:这是一个实修的专业技术,只能在课堂中传授和指导,当你体验后,才知道如何运用。它能帮助我们持续扬升,而且是不逆转的。当我们静坐、冥想进入光、充满电时,我们便能听到灵魂在说话、看见灵魂对我们微笑。我们与源头联系上了,我们与源头的连接是通畅和持续被供给的。

此后,我们每天都会发现自己的变化:我们好像换了一个人,变智慧了。我们的格局变大了,境界变高了。我们有力量和勇气去面对之前所不敢面对的困境了。我们的外在世界也变了,一天更比一天好。一切尽在掌握之中,我们感觉好轻松。

我们经由向内的旅程,升华到向上的旅程。

思瑶于马来西亚巴沙

Chapter 2
少有人走的路

　　生命不是用来思考和分析的,生命是被体验和经验的。真理源于生活,一次次蜕变,一次次开阔。打开一扇窗,再打开一扇;推开一道门,再推开一道……我们不仅深入更寂静的部分,我们也向上触摸更源头的部分。

Chapter 2
少有人走的路

专注于解决之道

专注于改变自己
2015 年 7 月 28 日

学员问:"与家人、朋友如何相处,才能让他们理解和接受我?如何做才能让对方改变?"思瑶问:"你是想改变自己,还是改变别人?"

我们总希望别人改变,希望他们变得符合我们的标准,变成我们想要的样子,为什么?因为我们觉得自己是正确的、高尚的。同理,对方也会像你一样,认为是你需要做出改变。

我们之所以都执着于自己的正确,坚持认为自己不需要改变,是因为我们害怕变化,因为我们已经习惯了自己的模式、习气、习惯……我们已经被这些束缚住。

生命即是关系。无论与伴侣、与父母、与孩子、与朋友、与同事、与竞争对手等,在觉醒之后,最好的关系模式是友谊。友谊就是允许对方活出他原本的样子,也允许自己活出原本的样子;友谊就是接纳对方原本的样子,也接纳自己原本的样子。

你必须明白关系比对错、输赢更重要。

试想,夫妻之间是相爱重要,还是对错重要?爱对方,理解、宽容对方,求大同、存小异,只有这样,我们的关系才能长久。如果专注在谁对谁错里,争吵、纷争不断,距离关系破裂也就不远了。夫妻是用来爱和彼此陪伴的,应该相互鼓励、互助前进,而不是争一时的谁对谁错。

不要尝试去改变别人,因为对方可能非常在乎和关心我们,只是没有用我们想要的方式来表达和沟通。但是,这并不等于他们不爱我们。每个人的生活阅历、智商和受教育程度等不同,自然也会使各自的思想素质、观念意识也不尽相同。当我们能看到这一层,便会升起对另一个生命的宽容和感动。

专注于改变自己,好好学习、天天向上。只要今天比昨天好,走时比来时好。

其实,他人一直在观察我们,当我们变化了,就会吸引他

Chapter 2
少有人走的路

们关注我们。当我们更好时，他们就会开始在内心认可我们。同时，我们的榜样作用也会让他们向我们靠拢，向我们学习，与我们合作。

实践是检验真理的唯一标准　　2015年10月5日

生命不是用来思考和分析的，生命是被体验和经验的。生命的意义是什么？一言以蔽之，为了弄清事物的真相，我们在寻找正确的意义，这个正确的意义就是我们渴望了解的真理。

前人告诉我们："真理源于生活，你活过一次，经历了、实践了，就能得到答案。"于是我们开始探索，在一次次的经验中，我们有了一些了悟，有了一些收获，但依然感觉那个真理（真相）还在不远处，似乎触手可及，却又依然遥远！人类对于未知永远有着追求和探索的渴望，于是，新的探索在继续。深入，再深入；实践，再实践，前进的道路是曲折的，但又是螺旋式上升的！直到某一天，终于跃过了某个临界点。跃过的那一刹那，我们眼前豁然开朗，欣喜扑面而来。我们质变了……

一次次蜕变，一次次开阔。打开一扇窗，再打开一扇；推开一道门，再推开一道……我们不仅深入更寂静的部分，我们也向上触摸更源头的部分。最终我们发现，问题和疑惑只有被实践、经历、做过，才最终被了悟、被认识，在这个过程中，我们不仅体验到了生命的喜悦和爱，也体验到了生命的真谛，最终我们安心下来了，建立了信心，有了底气和基础，有了越来越强大的力量。当我们拥有力量时，我们便可以无畏无求地给予、接纳。之后我们发现，自己也自动发生了慈悲，自动溢出了爱。

天黑好赶路　　　　　　　　　2015年12月11日

专注于脚下的路！

天越黑，越要专注于脚下的路。至于路上的风景，可以等到白天再欣赏！

曾有位演员，因被人们批判攻击、造谣陷害而备受煎熬、深感绝望，一度想要退出影坛。这时，她遇见了一位禅师。禅师告诉她："天黑好赶路！"

觉悟的她，埋头专注于演技的磨炼，宽容、乐观地对待外界的伤害。

而她的竞争对手，则把时间和精力都投入到了对她的算计和伤害中。

Chapter 2
少有人走的路

几年后，她获得了最佳女主角奖。主持人问她："你为什么这么优秀？"

她只是笑着回答："天黑好赶路。"

亲爱的朋友，如果你正经历那位女演员当初那样的遭遇，请记住这句话——天黑好赶路！

任何背后说你是非的人都不如你，真正比你优秀、漂亮、帅气，比你有钱、比你牛的人，根本不认识你，也不屑认识你，更谈不上天天关注你的各种动态、议论你了。

背后说你是非，是他们内心羡慕嫉妒恨的外在表现，其实他们的内心很苦，只是始终没明白成长、迁善、扬升才是脱离苦海的唯一正确的出路。

亲爱的，如果你的天空一片漆黑，请坚持向前，因为你正走在上坡路上！

"落地"需要方法　　　　　　　　2015年12月14日

去年，外婆因病离世。离世前一年，我曾提出灵性治疗的建议，家族中的长辈没有一个人同意，最后我爸劝我："如果外婆在你手上出了什么闪失，你就是全家族的罪人。爸妈怎么向亲戚交代？

大家会抱怨我们一辈子。"即便临终时,我从迪拜赶回重庆,本想请一个朋友赶在我之前去为外婆做临终关怀,长辈们又一句:"外婆不知道她病这么重,你叫个人来会吓住她……"

那次经历让我深深体会到传统观念、人情世故等陈旧、制约、局限、无知无明、待提升的意识。最后我臣服、放下、随顺,亲戚们认为好的、安全的,只要让大家感到舒服的,我都接纳。我只能在心中默默地为外婆祈祷、祝福。

但自那以后,我更坚定"孝"不等于"顺",如果说四年前我向母亲限制性和控制性的意识说了"再见",外婆离世这次则使我向家族里古老的恐惧意识说了"再见"。

我的家族状态何尝不是千千万万个中国家族的状态?

七年前,我开始学"医"从"医",但不是传统的西医和中医,我医的是心灵,是产生疾病的原因——"我"是自己一切问题和疾病的原因,"我"也是这一切的最好答案。

但是我的亲人意识觉悟不够,他们无法理解和认知。于是我又开始再次转化为自然医学,以怎样健康、长寿来引导他们。我的亲人们开心、积极地接受了,因为没有人不怕死。

所以,再好的理念,其"落地"的方式、方法和途径很重要。

一个真正好的、高能量的、高意识的东西未必能被很好地

Chapter 2
少有人走的路

推广和传播，而绝大多数人认为好的产品，它真的是意识状态够的吗？未必！但它为什么这么火？这是重点。

两周前，我认识了一位经济学家，并向其请教商业模式，我才晓得一些行业、企业的模式原来是这样的：产品对外售价的70%返代理和销售人员，30%用于这个产品的研发原料购买、生产加工、物流、人工、固定资产、基础运营的场所费及管理费，等等。可能产品本身的成本不到总价格的10%，但它成为了家喻户晓的知名品牌，这充分说明产品价值的70%用于推广、销售这一模式的优势所在。

我并不否认产品价值的70%用于推广、销售这一模式有其优越性。任何一个发生和存在都有它的意义和价值。但我们更应该着眼所有一切令我们愤怒、忌妒、不舒服、无法接受的存在和发生，着眼它们带给了我们怎样的感受和体验，然后我们从中学习、领悟、转化、成长、扬升。

一个可以帮助人们提高意识的产品，借由一条符合人性、满足人性的路径去传播，让消费者来购买并体验有什么不可以的呢？重点是全赢和圆满——帮助人们进化和扬升，满足人们对金钱的需要，被大众放心和信任地接受，带来全面的繁荣！

灵性"落地"后该如何走，我在沉思。

接纳每一天

抵达感激 　　　　　　　　　2014 年 6 月 3 日

一个真正心怀感激之心的人，一定不会有比较之心，没有比较之心，就不会有忌妒之心；一个心怀感激之心的人，也不会有委屈之心、不甘之心，自然更不会有愤怒之心、仇恨之心。于是他会接纳、臣服、自在，随顺无常，充满喜悦！

生命即是"关系"。我们的一生都是在各种关系中学习、成长：与父母、伴侣、孩子的关系，与友人的关系，与领导、下属的关系，与合作伙伴、竞争对手的关系，与法律、政府、

Chapter 2
少有人走的路

国家的关系，与地球、宇宙的关系……

"关系"经由构成关系的双方之间的距离来体验，当双方开始互动，"关系"也开始发生。于是，评判、指责、要求、得失、比较等情绪卡在两点之间，此时，如果你的专注点落在意识成长上的话，也就是你已经从头脑的牢笼中解放出去之时，感激会涌上你的心头。感激架起一座友谊的桥，连接上彼此内在的爱，这时和平就会发生！不再有你和我，抑或其他东西存在，当下静止，只有喜悦充满！

转化到感激有两种方式。

第一种方式是转换视角。当负面情绪出现时，你要马上从当下的视角中撤出来，转换视角，从另一个角度和认知面去发掘糟糕面背后对你有利的一面。

生命是一个不断被打磨和雕刻的过程，万千次的凿刻是一个非常痛苦的过程。你必须学会转换视角，才能不断获得力量，一次次地走出困境！

第二种方式是学着接纳。也就是当负面情绪来临时，你能看到这些情绪背后的隐晦信念，你能内在诚实地承认它们。从而你允许自己跌到最低谷，再也没有更低的地方了。于是，这些信念是怎样产生的以及产生它们的原始创伤点就会冒上来,你看到并融化它们,使这些创伤转化为电,你蓄满电就有了力量,你就会因此扬升!所以我们也说,所有的困难、挫折和悲伤都是财富,因为它们会转化为力量!

但这一方式要避免错把接纳当成妥协或认命,从而走向消极而非扬升!

是经由"接纳"还是"转换视角"抵达感激,因人而异,没有最好,只有更适合!

思瑶于印度

正确的危机公关方法　　　　2014年9月22日

新版的某女星传说让人大跌眼镜!娱乐圈好不容易出了一个充满正能量的女神,最终还是没能挺住!

近日,事件相关各方均启动危机公关,网友们则都在评论哪一方公关做得好!

牵入此事件的某男星今天戴着墨镜回答记者的提问,被指不符合他的风格,进而被推测是心虚。

Chapter 2
少有人走的路

这让我产生了和大家一起做个意识转化练习的想法。我们的外在世界如一条河,观想我们置身于这条流动的河流中……当河面上漂过一朵莲花,我们皆欢心,充满愉悦。可是,莲花终将漂过……当河面上漂过一团大便,我们皆烦心,充满厌恶。当我们被大便围住时,我们便会本能地伸手去抓大便并试图将其扔上岸!却忘记了大便也终将会漂过……这时,河面上又漂过一个苹果,疲惫的我们终于等到了果实和希望,于是迫不及待地用刚刚抓了大便还没来得及洗的手去抓苹果,因为我们怕苹果漂走了。当我们把抓到的苹果送入口中,品尝到的已不是甘甜,而是苦和臭……

这一切缘于我们忘记了:一切终将漂过。

我们的内在世界如一个湖,观想我们置身湖中……当狂风暴雨来临时,湖水翻滚,沙土浮上,湖面一片混浊。我们不用随波而动,站在湖中,看见就好。暴风雨终会过去,尘埃必将落定,湖面终将静和悦美!暴风雨中不需要语言,只需要让我们内在世界的莲花向上伸展,它便是人的内在支柱,钻出淤泥、浮出水面的过程即是人的内在力量成长的过程。

某哥,摘下您的墨镜吧!用您的双眼扫视全场每一双眼睛,便是这世间最美、最有力量和智慧的语言。

在我们的生活中，重要的不是过去发生过什么，而是当下我们可以勇敢面对外在的各种声音，接纳过去所发生的一切，在内在世界如实地经验，经验美好的、丑陋的、阴暗的，接纳完整的自己，而不是掩盖不完美的自己。

正确的危机公关方法——面对、接纳，和平便会自动发生！

思瑶于上海

允许事情变得更坏　　　　　2015 年 1 月 22 日

师父说："修行不单是为了让一切变得更好，而是允许事情变得更坏。接纳事物的正反两面，发现好的可能，也容忍坏的存在。真正的修行是一个扩大心量、如实生活的过程。"

爸爸的教导　　　　　2015 年 1 月 29 日

昨天下午回到上海。

Chapter 2
少有人走的路

今天带爸爸去拜访了来自印度的迪帕克医生，医生说爸爸身体不错，我好开心。尔后，请好友江涛老师为爸爸调整软组织，校正颈椎。多年前我出车祸留下的后遗症在江涛老师的治疗下已经归位了 90%，现在我的整个脊椎都恢复得不错。晚间与江涛老师一起吃饭，我突然想喝点儿黄酒，于是爸爸、江涛老师和我三个人小酌了半瓶。有朋自远方来，不亦乐乎！

席间，爸爸对我说了这样一番话：女儿，你经营着一家展览公司，公司虽小，却也可丰衣足食，嫁个好人家便可平安、幸福地度过一生。现在你到处行善，并做商业课以维持行善所需，把行善继续下去，这条路远比前面一条路难走。但无论你走哪一条，爸爸都支持。你的课只要有 50% 的人接受就是成功，爸爸了解到接受率很高，所以女儿你更要放开。这世界无论你多么努力，也不可能让所有人都满意，做到问心无愧就好！允许有反对意见，允许有人说你不好，允许批评，甚至接受别人整你害你……

思瑶于上海家中

接纳和允许　　　　　　　　　2015 年 12 月 2 日

接纳和允许只是心灵的刚刚苏醒，它不是终点，更不是全部。

直到有一天，你会更深入地理解：我们要接纳、允许外在世界的如是，就必须破除、毁灭、革新自己内在世界的如实。尔后，你才能进入内在的优化阶段，心灵之花才能徐徐绽放。

所以，觉悟只是开始，而未曾经历毁灭后重塑的喜悦，只是伪喜悦，它是一个伪系统。

只有活出了灵魂美德后的喜悦，才是真正的喜悦——宁静、祥和、喜悦，它叫极乐！

Chapter 2
少有人走的路

放低自己

我只是个小人物　　　　　　　　2012年9月3日

一向习惯于当红花的我，开始学着做绿叶。

一段艰难的心路历程之后，我开始接纳自己的不完美，开始直面自己的丑陋和匮乏，允许自己笨和失败。我不再去争，不再要求自己永远做第一。我开始认可、欣赏和赞美他人，同时，我的自我认可也开始发生……这时，我真正开始从"自我"走向"自在"！

当我认可自己只是个小人物，我的恐惧感逐渐减弱；当我能拥抱小人物的感觉时，我的心灵力量开始扩张……

公司接连招聘了运营总监和销售总监，我感觉一切尽在掌握之中，内心豪情万丈。我对他们说："你们比我更能管理好公司，公司需要你们运营，我更需要你们帮助，你们是我坚强的后盾。"接着，我开始全国演讲，一周最多在公司待两天，一天给全体员工培训，一天跟四个部门主管沟通。公司的业绩成倍上升，市场占有率持续增加……

当我们能接纳"只是个小人物"的自己时，一定也能承载起"一个伟大的"自己。

白日梦　　　　　　　　　　　　　　　2012年12月5日

有一同学上台分享，说他的意识飞上了天，看到了各种神，经验了多少神秘的体验。老师平静地回答："这是你头脑制造出的幻觉……"该同学一赌气，决定第二天回中国，他太太不得不约了一大群人去劝他，我也在劝说者之列。

我问他："你是不是觉得很失落？那个神奇体验让你感受到自己是个大人物、大神仙下凡。老师的否定，使你无法面对和体验你什么都不是的现实。你接受不了此刻的失落，你想逃离！"他红着脸，低下了头，含着泪，如孩子般无助。

接纳和承认我们只是个小人物，需要勇气和力量。

Chapter 2
少有人走的路

学会主动臣服

"女汉子",请向男人臣服　　2015 年 3 月 22 日

一位导游给我讲了一个故事。

日本女人和老公上街,弱弱地跟在老公身后,看到一个喜欢的东西,怯怯地说:"老公,我想要这个。"老公答:"家里不是有个类似的吗?"日本女人立刻轻声说:"谢谢老公!"

韩国女人和老公上街,乖巧、漂亮地牵着老公的手,看到一个喜欢的东西,撒娇、温柔地说:"欧巴(韩语"哥哥"的意思——编者注),我要这个。"韩国老公立刻开心埋单。

中国女汉子和老公上街，风风火火地冲在前面，老公则紧跟在后面，看到一个喜欢的东西，"女汉子"大声说："我要这个！"中国老公轻声说："家里不是已经有个类似的吗？"中国"女汉子"即刻破口而出："磨叽个啥，老娘自己掏腰包买了，让你买是给你面儿！"

现实中，类似的"女汉子"越来越多，已经不再仅是之前的"半边天"了。我在台上也带有几丝"女汉子"气。最近我在生活中发现，回归女人本分，也是我的功课。

思瑶于西安

Chapter 2
少有人走的路

放下即心安

当放下，即放下　　　　　　　　2015年3月19日

下午拜师中国道教协会会长任法融尊者，现在他是我的老师了耶！老爷爷是一位八十多岁的老小孩，一个老宝宝，他说话声音厚重、洪亮如钟鸣，穿透力极强。

谈及"闭关"，老爷爷跟我说，心放下就是闭关，把自己关在屋子里只是个形式，只是把身体关在屋子里而已。老爷爷讲了个"另类西施"的故事，在他的新解中，西施是智者，是放下之人。老爷爷说放下的人是菩萨，自在的人是神仙。西施

对范蠡说，丑女人遭人嫌弃、被看不起；漂亮女人则遭人忌妒，是非、祸事多；不丑不美正适宜，做人太出众、太优秀、太高调也是如此……"嘻嘻！"我调皮地说，"我不丑不美，正适宜。"

今年，突然想与道家亲近，所以我来到这里。两年前我写过的《下台上台》一文，讲叙了我所体验过的"另类西施"的心路历程。下台是一门艺术，比上台更不容易。

该出手时就出手，该下台时即下台。

思瑶于西安

Chapter 2
少有人走的路

一切顺其自然

内在诚实（一）

初稿 2012 年 8 月 1 日，修改于 2016 年 1 月 27 日

学员用微信咨询："什么是爱自己？什么是真实的自己？"希望下面这个故事能回答你。

一天，一位非常权威的医生，像往常一样顺利地给病人做完了手术。当他回到办公室，没多久就接到通知："病人情况不太好。"放下电话后，医生开始为病人祈祷："神啊！这是个好人，他家里还有老人、妻子和孩子，他们都需要他。您可

怜可怜他,让他活下来;如果他死去,他的家人会伤心痛苦,生活也没有了保障。"这时电话铃又响了,护士告诉他:"病人快不行了。"医生一边放下电话,一边跪了下来大吼:"神啊!别让他死,我的名誉不能受损!"

医生祈祷的目的是为了自己。看到自己行事的真相,就是内在诚实。

带着内在诚实去看见自己:你不想离婚,真正的原因是什么?你觉得丢面子,你有虚荣心,你爱老公的钱,你担心离婚后生活状态和品质,你不相信自己以后能找到一个条件比现在老公好的,你恐惧自己遇不到一个好人,你没有力量直面压力,你害怕重新开始,你不适应习惯被打破,你好吃懒做,你不求上进,你还有缺点、弱点、阴暗点……你认为好的和不好的,这些都是你,这就是真实的你。

你若承认和接受这个真实的你,允许和宽恕这个真实的你,不隐藏和逃避这个真实的你,不伪装和讨厌这个真实的你,拥抱和疼惜这个真实的你,慈悲和智慧地对待这个真实的你,那么你会爱上自己。

而原本的自己,就是你最初来时的样子,它完整完美、圆

Chapter 2
少有人走的路

满合一，是灵魂真正的样子。

从你现在所在、所是的地方开始，而非你想到达的地方开始，由真实的自己走向原本的自己，就是爱自己。

随顺而为   2015 年 3 月 12 日

人在旅途。

早上 6:38 起床，素颜扎盘起所有头发，像个跳巴蕾舞的姑娘，然后赶往机场。

办完登机牌，时间还很宽裕，寻着永和豆浆的味道，买好早餐享受美味。

今年与去年的频率作风完全不一样：提前、准点、清晰……

去年那个俏皮、古怪精灵、犀利、精准、气势磅礴、豪迈、笃定的小姑娘，在 2015 年已经成长为从容、成熟、淡定、娴熟、包容、沉稳、慈爱、温暖、智慧的人。

随顺而为。

成功是一件顺其自然的事　　　　　2015 年 4 月 8 日

上海天晴啦！等会儿出去沐浴阳光。

昨晚从城市超市买回萝卜，削切时水汪汪的，清洗晾干，准备做四川泡菜。

今晨有所感悟：内在匮乏的人的另一种表现是习惯性地去拉一些有影响力的人、事、物来衬托、证明自己。其实是给自己壮胆，因为我们底气不足，基础不稳。然而，这并不是一条可取的扬升之路。

也许，当能够承认自己无助、无能、无力时，我们反而会变得更有力量。这是一个让自己跌入谷底后自动发生的一个自然的扬升现象，它是毫不费力、轻而易举、顺势而为的。你自动转化了，自然就拥有了力量，自然就拥有了成功，但是你的确没有做什么。

因此，当我们能够承认、接受、臣服于自己的弱小，放下面子、形象时，我们就会感到愉快。当愉快地接受当下的自己，从现在所在、所是的地方开始时，成功便会不期而至。

Chapter 2
少有人走的路

当下就是最好

祝你永远当下舒服喜悦　　　　　2013 年 1 月 26 日

女友就要结婚了,她纠结于爱情、婚姻、合适与否的旋涡中。美丽的她向我倾诉着她的苦闷,我则专注于面前的菜,细细品尝。

我们俩的关注点不同:对我来说,婚姻里有无爱情、双方合适与否都不是问题,我关注的终极点是舒服和喜悦。

无论出于哪种原因走到一起,只要你舒服了、喜悦了,其他一切都不是问题。

此刻，当下，好好吃菜，只有当下的舒服和喜悦。

我想对女友说："祝你永远当下舒服、喜悦！"

等你，陪你 2014年1月15日

父亲来上海已经有一个多月了，我们相处得轻松自在、智慧欢喜。每天我都从父亲那里学到很多。父女同频共振，碰撞智慧，绽放火花。从出生至今，我的生活各方面一直顺风顺水，这其中，老爸做出了很大贡献！感恩我的好爸爸，我自豪并幸福着！

中途来了个"小精灵"——我的小侄儿，只要他不在睡眠状态，嘤嘤童声，伴着各种玩具磨擦、打击、摔地之声，响彻于五楼的别墅里。不仅如此，他还会随时闯入我的金字塔，要求我陪他玩，使得我无法写作。没过几天，爸爸着急了，担心侄儿打扰我，担心我不能定期交稿。

今天下午，我约了一位朋友在悦达广场见面，于是把侄儿放在陶艺馆，让他自己捏汽车，我在旁边咖啡馆聊事。一个小时过后，我就不放心宝宝了，迅速帮友人解决好事情，飞身告

Chapter 2
少有人走的路

别去找宝宝。他刚刚下课,我便带他去玩泡泡沙,他在我眼前专注地装卸、搬运自己的沙子,旁若无人。我则安静地坐在一旁守着他,偶尔配合着喝喝彩,夸赞他。

的确,宝宝占用了我很多时间,我的写作也因此停了下来。但我并没有因此而生出抱怨之心,相反,我的内心被感恩包围,我感恩父母也曾如此陪着我,看着我长大!

写作不是任务,不是目的,它只是一种表达方式,描述我的生命历程和生活态度,把老天流经我的智慧分享给大家。

急于完工是想要一份证明,证明自己成功了,证明自己是人物,证明自己有才华。

也不是愿意,"愿意"中还隐含着"交换"之意,让我们享受,享受等待你,享受陪伴你!享受我爱你,你也爱我!

宝贝,我就在这里,等你,陪你!

在锅碗瓢盆中修炼　　　　　2015年3月2日

去年夏天,我开始周游世界。心走出道场,开始向天地万物学习。

绽放心灵

今年却只想待在家里。这些日子，我发现家务天天做，还是有好多没有触及。看来老天要我开始于锅碗瓢盆中修炼了。

下了几天雨，昨天开始放晴，今天阳光出来，风凉凉的，不是春天，也不是冬天，是秋日的风，原来是岁月的风。

感恩岁月的风磨平了我内心的棱角，抚平了我心头的伤痛，抹去了那些秘密，揭开命运的谜底⋯⋯

清晨过去，阳光开始笃定地走向正午，温暖渐渐回来。我走出空调小屋，此刻，坐在阳台继续居家劳作，清理 6 个大纸箱里重四百多斤的书⋯⋯

享受当下　　　　　　　　　　　2015 年 3 月 2 日

有朋友说："因为你恋爱了，所以变得恋家了，还要学习为家人做一手好菜⋯⋯"其实你们都误解我了。

这一年想在家待着，与恋爱、婚姻没有任何关系，只是内在成长走到了这里⋯⋯我待在家里为自己做家务、做饭，我享受这一切，我是持一种享受的心态，与任何外在的人、事、物无关，没有取悦、讨好、牺牲⋯⋯可能我们在同一时间做同样

Chapter 2
少有人走的路

的一件事，但领悟、经验、体验是不同的。

我明了，要享受工作，而不是为生存、生计工作。不是每个人都能做总统、老板、明星……人们却赋予这种分工的不同以高低、贵贱的意义，于是，我们比较，我们内心感到不平衡、挫败，我们生活在煎熬中，远离了享受。

与其因为自己清洁工的职业而妄自菲薄，不如快快乐乐地享受扫地。生命的真实是：只要自己看得起自己，全世界都能看得起你！

我批评上海公司的全体员工，把公司库房的照片公开在公司群里，问他们："你们脸红吗？！请你们与我们'喜悦生活艺术'这一品牌相匹配！周四前，公司必须变样，这里不是娇生惯养、邋遢、偷懒的所在，我们要自我修正，不想改变的可以走人，没有对错，只有适合与否！"哈哈！就这样，一年内打造出了货真价实的"喜悦生活的艺术中心"！

我把自己家厨房、衣架、上午刚洗的棉拖鞋秀了秀，从我做起，知行而一，享受每一件事，享受每个当下！

绽放心灵

享受生活 2015 年 7 月 18 日

尼采说:"莫把寂寞称孤独。"

许多女同学找我说渴望马上遇到"另一半",她们厌倦了一个人的无依无靠。她们说,没有人疼爱、陪伴、理解、支持的生活好辛苦、好孤独!

今天,我的男朋友加班去谈事了,我一样也独处在家。我的男友没有固定的周末。这对一个私营企业主来说太正常了。如果我们把注意力全部放在男人身上,生活依赖男人安排,我们肯定会失望、受伤。因为我们想要的无微不致和精心呵护,潜意识中只不过是想梦回幼年、童年和少年,重温父母小心翼翼、全心呵护和关爱的感觉,我们曾经在那里得到满足、温饱、滋养和享受,但我们仍未被感动和丰满,是那份缺失在召唤填补。长大后,这个愿望依旧如初。于是,我们希望"另一半"来弥补我们的原始伤痛。

对"另一半"的期待与失望,直至痛苦和绝望,就是这样来的!

以关心问候作借口,因寂寞而躁动,无法静心,转为牵挂

Chapter 2
少有人走的路

对方，于是电话追踪和磨缠着。需要陪聊，达成改期陪玩……

女孩、女人们，让我们在极简生活中提升自己，疗愈成长，改变自己。

我是这样做的，供参考：

早起后，洗漱，做早餐吃，收拾家，练瑜珈，写作，喝下午茶，静思。

太阳下山了，出门去商场购物，去书店逛逛，晚餐约好友一起美食，晚餐结束得早就去看场电影，然后回家沐浴泡澡，睡个美容觉。

我在享受生活。

女孩、女人们，去行动吧！在行动中破除旧有模式、框架、束缚、习惯、习气、制约……

去约朋友开读书会，听听音乐，学学跳舞、唱歌、弹琴、瑜珈、太极、茶艺、插花、裁剪、设计、画画、搭配、厨艺……总有一样适合你，你也会为之倾注热情。

在生活中修炼成长，在锅碗瓢盆中落地成熟，在开始接受一个人独处中臣服和温婉柔韧，在孤独中坚强和觉悟，在喜悦中去创造美好。

美丽、善良、和平、贡献、奉爱，鲜活的生命在盛大绽放。

活着多好，活出自己多棒！

女孩和女人们，开始一个人的生活，行动吧！

思瑶于家中

将理念"落地"   2015 年 7 月 26 日

有品质的生活，不是住豪宅开名车，不是穿绫罗绸缎，不是吃山珍海味，也不是品奇珍异草……

清晨，去大自然中走走，采一把茉莉花，撷一把七里香，捧在手心冥想静心。

义工们连续五天，每一餐都准备了不同的膳食，颠覆了我过去对美食的定义：大自然的一草一木，居然能创意创新创造出各式菜肴——在椰子里炖中药，放在蒸锅里蒸四个小时后取出；豆腐包饺子；红烧苹果……普通人因芝麻蒜皮般的小事把自己搞成了烦人，芝麻蒜皮般的小事在凡人眼里却是天大的事，是必须争个对错输赢、一定要弄清楚并解决掉的事。如果能跳

Chapter 2
少有人走的路

出地球看地球上的事,让自己从事件中抽离出来,天下皆无事。然后,你便可以专注当下,享受生活,精益求精。

从这些义工每天的言行中,我看到了榜样的内在精神——将理念"落地"于锅碗瓢盆等日常工作和生活里。

落地方能成长   2015年8月19日

我没有见过神长什么样,但我见过许多伟大的灵魂,比如周恩来、雷锋、牛顿……因此,我认识到,落地方能成长。

我深深地感恩自己——当下的所有幸福,都是八年间勇敢面对自己丑陋的一面,然后勤奋耕耘所结出的果实!

给自己点无数个赞!

陪伴和服务   2015年10月15日

无论工作压力多大,事情还有多少没有处理,都要抽出时间去郊游、去跳舞、去看电影、去旅行休闲……给自己换个环境放松下来,然后静心,从事物中抽离出来。在此中间,你会迸发灵感，而奇迹和转机也常常在此时发生！

是的，当我们像一台机器一样高速运转时，针都插不进，智慧和助力哪还能进来？

男友今晚有应酬饭局，我便约姐妹去看《港囧》。演员们很用心，但我还是更喜欢《心花路放》。

最近看了一些正能量的青春追忆片，如《左耳》《致春春》《心花路放》，这些影片表达的意识状态就是接纳和允许，是觉醒了的爱。而《克拉恋人》《港囧》已经上升到走向开悟的爱，奉献着为爱服务的人生。

在觉醒状态时，人们看到了自己内在的黑洞，可以如实如是地喂养匮乏，对过去和当前有了接受和允许。但我们不能停留在这个层级，不能在这里原地踏步兜圈。下一步，我们必须破除自己，开始创造的旅程。这个过程，就是我们走向开悟的爱的旅程。

这段旅程的创造是以服务为基石的。君不见，无论《克拉恋人》还是《港囧》，主人公最后选择的不都是一路陪伴和服务自己的那个灵魂吗？

Chapter 2
少有人走的路

生活与灵性　　　　　　　　2015年10月26日

灵性智慧，落地生活实践，灵性生活化。

生活之中，运用灵性智慧，生活灵性化。

身体机器已经高速运转了45天，回家停工保养了。醒来，清洗，清理好，出门采购。

秋天，买了喜欢吃的当季干果、水果；白、黄、红色的小菊花，淡淡的香味儿扑鼻而来……

然后回到家里，摇着小椅，读书，宁静在当下……

绽放心灵

你和世界是一体的

无舍亦无得   2015年4月15日

从昨晚收拾到现在,又将出门一月,辗转于各地讲台。今天天气真好,阳光灿烂,打算出去打理一下头发,之后去郊外踏青。

小时候,父辈教导我:"难得糊涂,吃亏是福。"

长大后,走南闯北,一次次在"舍"与"得"之间做出选择,一次次飞扬意识,成就了我内在的觉悟。

当我们的心如鸟笼一般大时,我们的"得"就是鸟在笼子里,

Chapter 2
少有人走的路

我们的"舍"就是让鸟儿飞出笼子。

当我们的心如树林一般大时,我们的"得"就是鸟在树林里,我们的"舍"就是让鸟儿飞出树林。

当我们的心与宇宙万物融为一体时,无舍亦无得。

思瑶于上海

绽放心灵

授人以渔

猪爬上树了　　　　　　　　　　2012年8月1日

男人的话终于可以信了!

网上疯传一张照片：洪灾中，一只猪为了求生，"蹬蹬蹬"蹿上树，四个猪蹄死死抱住树干。百分百经典呀!

随着人们物质生活水平的提高，人类意识随之提升是必然的结果! 猪都上树了，男人的话可信了呀!

开心一笑。

Chapter 2
少有人走的路

阿尔法音　　　　　　　　　　　2012 年 8 月 2 日

我毕业后,在一家很好的单位待了半年,因不习惯按部就班的生活,索性辞职经商。

我充满热诚地投身商业,直到 2011 年 3 月,在机缘的召唤下,我开始灵修。一切顺其自然,没有刻意作为。

2012 年 5 月 12 日,我在太原做了一场为时 5 个小时的分享会,大约有 110 人参加。也就是在那时,我突然发现自己能发出一种如天籁般的声音,引得很多学员流泪,甚至有人告诉我说他家里亲人过世时他都没有这样哭过。后来,有人告诉我所发出的天籁之音是一种被称为"阿尔法音"的神奇潜能之音,然而,我从来没有学过什么专业发音。

我突然觉知,其实我真正热爱的工作是做老师。

真正的目的地是"月亮"　　　　　　2012 年 8 月 22 日

懵懵懂懂讲了 13 堂课,渐渐觉知——老师只是那个指给你"月亮"在哪里的人。当我们关注老师的手指,便忽略了真正的目的地——"月亮"！

刚开始做老师时，站在台上，我只为征服学员，证明自己有才华、有能力，只是满足自己被关注的渴求。渐渐地，境界有所提升，我能看到和感受到学员的痛苦，可以给予他们耐心和充满了爱的点拨，从而启动他们内心深处的力量。

一只小白鼠的活法　　　　　　　　2015年3月27日

一男子遇到困难，去庙里求观世音菩萨，开口便问："假如您遇到困难念什么咒？"观世音菩萨说："我念'南无观世音菩萨'！"男子惊问："您怎么自己求自己？"观世音菩萨答："求人不如求己。"男子如醍醐灌顶，幡然彻悟，欢喜而归。

每个人都有能力走上自觉觉醒之路！

我一次次地革命自己，不外求神，不外求佛，不外求仙，只是回到内在，建立自己的内在支柱。这种觉醒，无关乎宗教，无关乎信仰，只是领悟人生智慧罢了。

我只想尽我所能，脚踏实地、负责任地做一些服务，真实地活出自己，分享自己的喜怒哀乐和酸甜苦辣。如果能成为一

Chapter 2
少有人走的路

个好榜样,给他人带来启迪,我就很开心了。

  这里,不搞崇拜主义,不搞造神运动,没有仙性神通,没有宗教信仰……这里,只有生活,只有享受当下,只有思瑶这只小白鼠的活法。

思瑶于重庆

指月之手   2015年10月3日

  人们翻跃千山万水,终于找到隐居的圣者。迫不及待地求教圣者:"真理在哪里?"圣者无语,抬手指向月亮,人们目不转睛地望向圣者的手指。过了许久,见圣者还没有说话,人们便急忙掰开圣者手指研究、寻找……

  我们往往忽视了手指指向的方向。要知道,真理不在手指里,也不在圣者身上,真理在圣者手指指向的方向。顺着方向去经历、体验,就能找到属于自己的真理……

  圣者走过的路,不代表我们已经走过;圣者所掌握的真理,也不代表是我们的真理。我们只能体验自己的道路,最终按照适合自己的方法,找到属于我们自己的真理。

放下手指，专注方向，勇敢上路，不断修正，活出美德，顶天立地，让灵魂在世间散发七彩光芒！

思瑶在美德的路上探索、奔跑。

思瑶于印度

登岸弃舟　　　　　　　　　2015 年 12 月 9 日

内心强大的人，他外在的表达常常是平和、谦卑、随顺、乐观的。外在强势的人，内在其实是无力的，他试图控制和压倒，把外面的一切改变成他想要的标准，从而感受到安全。

前行的人生中，越是那些艰难的时刻，越需要我们活出力量！

佛祖经常用舟筏比喻佛法，他说："过河需要船，登岸不需舟。"（指《金刚般若波罗蜜经》中释迦摩尼佛所说："汝等比丘，知我说法，如筏喻者；法尚应舍，何况非法。"——编者注）当我们愿意由生命的受害者转化为生命的担当者，活得顶天立地时，外求之道、依赖之道、崇拜之道就结束了。随之，

Chapter 2
少有人走的路

神话、神秘和宗教，对于我们也将失去意义。

当我们清晰了"我"是谁，明了了我们灵魂本来的样子——爱、宁静、祥和、纯净、智慧、力量、极乐，我们便开始了修行美德的旅程。

美德是回家的船票。一个没有美德的人谈"空"、谈"道"、谈"一"，只会让人觉得苍白无力、华而不实、故弄玄虚。

有人告诉冰："你是气。"可当我们还是一块冰时，我们不会相信，也体验不到。直到有一天，冰化为水，我们才隐约了解、感知到我们原本是气，并日渐坚定了这一观念。

我们是宇宙中的极小，我们也是宇宙中的极大。我们是极小的一点，我们也是极大的无限。

思瑶于北京

思瑶思语

一、重点是当下的因。

不要专注在曾经的因结出的现在的不好的果上。专注在这些问题上,就是专注在负能量中,将负能量种成当下的因,我们就会一直生活在复制、轮回的旋涡中。

二、两颗种子。

第一颗为中国,我们共同的大家庭,种下"让爱循环·祝福中国"的种子!

第二颗为我们每个人自己,每时每刻都在心里种下"我很喜悦、我很棒!"的种子。

三、换一个角度看人生。

Chapter 2

少有人走的路

关注问题的利益面，了解问题背后隐藏的奥秘，了悟关于自己的秘密，直面它们并努力转化。

四、转化的时间长短，决定你受苦的时间长短。

五、我是一切问题的根源，我也是一切问题的答案。

六、想得到什么，先给予什么。

七、听外界的声音，聆听内在的声音。听眼睛看到的世界，聆听心灵内的世界。

八、做独一无二的自己。

当你把自己和他人作比较时，你就会感觉到痛苦；当你模仿他人时，你的身边就会涌现"对手"和"敌人"。

专注于你所拥有的，百分百活出和绽放你所拥有的，你就会活在喜悦和滋养中，你就会天下无敌。

九、觉醒状态时最好的关系形式是友谊。

友谊就是接纳和允许自己活出真实的样子，也接纳和允许对方活出他真实的样子。

十、走向开悟的爱中最好的关系形式是服务，服务让创造发生。感恩你来到我的生命中，给我一个服务你的机会。

十一、凡人往往会因为一些鸡毛蒜皮的小事把自己搞得很烦，其实，跳出地球看地球上的事，所有的事都算不上事。所以，迷茫时，请把自己从事件中抽离出来。

十二、专注你所拥有的，感恩你所拥有的，赞美你所拥有的。臣服你所失败的，放下你所没有的，随顺你所失去的。

十三、祝福一切正变得更美好。

十四、不是关于宗教，也不是关于信仰，而是关于人生智慧和回归真我的一段旅程。

十五、人生向外是关系生活，向内是探索生命。

十六、每个人都将走向自己的觉醒之路，与自己的内在完整相融。

十七、世间种种没有以你想要的方式发生的，并不是老天不公平。没有以你想要的方式爱你，并不等于不爱你，而是以最适合你的方式深深地爱着你。

十八、爱自己，爱上自己，爱上真实的自己。

十九、当内在力量升起，精神层面扬升，物质层面也会扬升，这时我们的财道就会敞开，就是我们创造的时刻到了。

二十、生命本是一场欢庆，请不要追求完美，体验生命过

Chapter 2
少有人走的路

程本身才是生命的美妙和奇妙之所在。

二十一、从生命的受害者、索取者、抱怨者走向生命的担当者,活出你生命的顶天立地。

二十二、受害者——担当者——行动者——观察者——创造者。

二十三、在外在世界停下来,转向内在世界,我们会发现向上的世界。

二十四、请忘记你的梦,请把这一生视为梦境。

Chapter 3
爱即是答案

在走向开悟的旅程中,最好的生命关系是服务——感恩你来到我的生命里,给我服务的机会。为自己的嘴巴和肚子而工作,为获得别人的认可而拼搏,为一份讨好和索取而爱人,凡此种种,都是交换。只有爱、感恩和服务,才没有了你、我、他的分别,才能让自己走向大我,直至无我。

Chapter 3
爱即是答案

唯有感恩与祝福

尊重一切导师　　　　　　　　2014年1月14日

佛陀尊重一切导师,他自始至终都感谢自己的苦行师、禅定师为自己奠定的坚实基础,也因此超越了他的导师,而修成了正果。

后来,佛陀对弟子们也这样要求。

他的弟子舍利弗、目犍连,原本是信奉怀疑论的,优楼频螺迦叶、那提迦叶、迦耶迦叶原是信奉拜火教的,佛陀一样摄受他们,还教他们必须尊重、奉养过去的外道导师。他不认为这样做会阻碍佛教的发展。人们也因此而更加敬佩佛陀。

当你斤斤计较、试图抓住一切时，那被抓住的一定会逃跑；当你从大处着眼，不再计较琐碎细小时，一切已成竹在胸了。

我深深地感恩曾经陪伴和指导过我的企业教练技术，对我影响最大、指引我儒释道修行的华商书院，以及教我《华严经》的樊老师、禅宗智慧课程特聘教授吴言生老师、国学大师黎红雷老师……

前段日子，一位曾与我有过两面之缘的女子写作时，批完东家批西家，我也被不点名列入其中。我也曾经历过她这个阶段：自以为是、断章取义，并不了解导师的全盘用心。最重要的一点，躬身自省，为什么我看到的都是他人的缺点与不足，而忘记了欣赏、臣服他人的智慧与光芒。真正应该成长的是我们自己，看到她批判我，我没有去反驳或解释，因为通过她，我看到了过去的自己。

我们常常找各种理由来证明我们是对的，别人讲的都不对。停下来反省自己，你唯一正确的行动是请教这位老师："您这样讲我不懂，我的理解是这样的，对吗？其他老师的书上是这样讲的，我想知道您为什么这样讲？"而不是不求进步，只在

Chapter 3
爱即是答案

自己的有限中,凭借自己的有限来妄加猜测和想当然!

感恩每一位在地球上从事教育的老师,不同行业的老师没有高低之分,只有分工不同,因为我们都在各自的位置上贡献着自己的力量!

思瑶于上海

感悟生命　　　　　　　　　　2014年7月8日

觉醒状态中的生命关系是友谊,友谊即是自由。

什么是自由?自由就是你可以做自己,也允许他人做自己;你接纳自己,也接纳他人。这样,你就可以享受生活,活出自己!

走向开悟的旅程中最好的生命关系是服务:感恩你来到我的生命里,给我服务的机会。为自己的嘴巴和肚子而工作,为获得别人的认可而拼搏,为一份讨好和索取而爱人,凡此种种,都是交换。

什么是服务?有了挣脱"我执"的力量,置身滚滚红尘,服务众生,没有了你、我、他的分别,把更多的人、事、物包括了进来，走向大我，直至无我。

思瑶于上海虹桥机场

感恩，所以美丽　　　　　　2014年10月27日

长时间出门在外的我，没有时间和精力打理呵护家里养的花花草草。10月22日在家静修，才发现门口的盆景已经干枯，照我以往的习惯，肯定会把它扔掉，这一次却无缘由地起了为它浇水的念头，内心向它表达忏悔和祝福。

今早7点起床，为从外地过来、住在我家的女学员们做早餐，送她们坐上10:30起飞的飞机后回到家中，进门时不经意间映入眼帘的盆景——枯黄中充满希望地生出嫩绿，并有星星点点朱砂红绽放。

无论你在生活中遭遇过什么挫折和磨难，都不要愤怒，也不要悲伤，臣服和感恩所发生的一切，你终将告别寒冷的冬日，迎来春暖花开的春天。

向花儿学习，懂得惜福、感恩、耐心等待、静守，只要有

Chapter 3
爱即是答案

一线生机,即使只是昙花一现,也要绽放自己!没有什么是永恒的,只有当下的绽放、当下的喜悦,这是生命的最高意义、终极使命。

让生命成为欢庆,生命本来就是一场欢庆。

思瑶于上海家中

唯有感恩和祝福　　　　　　　　2014年12月25日

现实生活父母康健,兄弟姐妹和睦,我也财富丰盛、小有成绩,如今还有一位愿意沟通了解、互相鼓励和关心的特别的朋友。我,还能要求这个世界什么呢?

我的内心充满了和平喜悦,对于这一切,我除了感恩,还是感恩。

唯有活出更加美好的自己,才能为这个世界贡献更多的爱、慈悲和喜悦,我将继续努力。

人们问我累吗?

我的内心有太多的感动。我不渴求一切,所以不强求、不控制、不抱怨、不评判、不伤悲、不恐怖，也没有不安全感，我的内心是和平且稳健的。因此，我的身体虽会累，但心不会累。

我对一切深深地祝福和感恩！

此时，我已从印度回到香港机场。值此圣诞节，深深地祝福这个地球，这个世界，所有的一切、一切……

思瑶于香港

苍天有爱人有情　　　　　　　　2015年4月15日

老天用各种方式打你、骂你、赞你、疼你……除非你能看到老天的这些行为背后的爱。而人是有亲情、爱情、友情等各种情义的，人所处的不同的意识状态，决定了他们各自不同的接受度、认知度和转化度。

度人便是要落地先做人，了解、体验、理解人，带着慈悲和爱，宽恕人们的无知、无明、狭隘、自私、龌龊、黑暗、卑鄙、残忍……

对待上等人，要直指其心，可打可骂，以真面目待他；

Chapter 3
爱即是答案

对待中等人,最好是隐喻他,要讲分寸,他受不了打骂;

对待下等人,要面带微笑,双手合十,他很脆弱,心眼儿也小,只能用世俗的礼节对待他。

回想这三年,大江南北我遇到过行行色色的人,内心也越来越强大,我的爱也越来越多,支撑我走到了今天。所以,感恩所有的小人、恶人、庸人、俗人、害人、坏人……他们也是我的老师,因为是他们成就了我的云淡风轻、海阔天空。

思瑶随笔上海

车站擦皮鞋　　　　　　　2015 年 10 月 16 日

拖着大行李箱,挎着双肩包,拎着小口袋包,抱着风衣,脚蹬 10 公分红皮鞋,头戴棒球帽,穿着红衣小喇叭短裙——如此有型、如此高大上却狼狈不堪、连爬带拖地出了站。我的天,可累坏我!我那位天塌下来也永远"阳光灿烂可爱超萌"的助理,却跑到东站接人去了,还问我在南北哪个出口。我说大姐,北站只有一个出口,并且票是你买的哟……她说让我等着。

我知道犯了错的她支吾着不敢说去错了车站，我也知道要继续如民工般搬运，并且要在太阳底下等一个半小时。

那么，好吧！首先，进入一级程序，把10公分红皮鞋换下，我才能自如地拖着东西挪动。放眼望去——乖乖，这偌大的广场就没一张板凳。莫非要让本姑娘席地而坐？启动"搜索引擎"，发现前面有个擦鞋的。我一拐一拐又拖又拉，连人带行头一起挪了过去："大妈，借凳坐3分钟换双鞋给你5块，俺皮鞋新的不擦了。"不等老妈妈回答，我一屁股跌坐上去，然后开包，拿鞋换鞋，脚舒服后，掏钱给大妈。大妈不要，我坚持给，并说收下吧，我还要多坐会儿呢，会影响你生意的。

午后，暖暖的阳光里，大妈开始讲述她的故事。大妈今年68岁，遂宁人，一家三口分了二亩三分地，不够吃也没有钱，所以只好来成都打工。她喜欢自由，不喜欢打扫厕所、做餐厅服务员，现在擦皮鞋每月能挣1000多元，房租200元1间房，同老伴住，日子过得还可以。她说老伴也有收入，儿子也在打工。

让我意外的是，大妈说："姑娘你前世是个好人，所以今生命好。大妈我前世是讨饭的，所以今生也穷。我本有个女儿，

Chapter 3
爱即是答案

6岁就去世了,去世前她自己知道快死了,还告诉我别难过,说她是见菩萨去了……"

这时候有人来擦鞋,我赶紧站起来让座,老妈妈说了一声"等等",人就消失了。一分钟后她回来,灿烂地递过一把木凳给我:"闺女,找老乡借的,你坐。"于是,我们一老一小如母女般开始做生意,我吆喝"擦皮鞋呀",她负责擦和收钱,合作愉快开心。在享受中,一个半小时很快就过去了。

这时,电话响了,我那助理"星光灿烂娃哈哈"走来,像什么事都没有发生一样。

我从钱包里掏了200元给大妈:"你面相有福,越老越有福,下辈子一定会好命。这钱是祝福转运的种子钱,你一定要收下。"

思瑶于成都

爱情如花

我们一起追过的女孩   2012 年 4 月 26 日

曾经,我们一起爱过的女孩!逝去的青春,让我们追忆出多少桀骜不驯和青春无悔。

九把刀低成本制作的《那些年,我们一起追过的女孩》,再创言情片票房新高,也在社会上掀起一股怀旧热潮,让正值盛年的"60 后""70 后"男士重温了一把青春。那个迷失于失去和遗憾的困惑中的青春,错过了多少合适的人——我们用青春经验着爱!

Chapter 3
爱即是答案

听友人讲过一个爱情故事：一名外国女子20岁时来到中国，爱上了一个中国青年，但他已结婚。43年后，她再一次来到中国，见到他并嫁给他。

我们用一生的时间只为证明爱！

女强人
2012年8月22日

女强人独立、成功、有魅力，懂得温柔就是力量，滴水穿石；女强人内心宁静强大，关系中可以让男人得到滋养。强势的女人，或许事业成功、独立，却控制欲极强，都是"我"对，必须按"我"的想法来办；强势的女人内心有恐惧，也让男人感到窒息、压抑。

美国电影《另一个波琳家的女孩》中强势的安妮工于心计、擅长手腕，当上皇后之后，为了生王子不惜和亲弟弟乱伦，最后被砍头……

女强人玛丽是安妮的妹妹，本是国王的情人，刚生下王子，国王就被姐姐抢走，她也被赶出皇宫。但她并没有因此而仇恨和抱怨，而是柔和、坚韧、宁静地过着自己的生活。当弟弟和姐姐安妮被国王砍头、家族被定判国罪满门抄斩时，国王却写了封信告诉她："我会永远保护你，照顾好我们的儿子……"玛丽没有选择回到充满血腥残酷的皇宫。最终，她得到了一份真爱——另一个男人告诉她："我不会利用你，我爱你……"

这才是我心中真正强大的女人……

思瑶写于飞往香港的机场候机大厅

我的"王子"   2012年9月3日

那年春天，我去印度求学，其实是为能找到"白马王子"。因为，去过的人告诉我，印度很灵，灵修很灵，容易心想事成。浅薄的我心想，佛也是印度传过来的，去印度正好一举两得，所以就怀着投机心理去了。

那一年，我的秘书成了觉醒者（不上课也醒了），我的CEO嫁入了豪门，而我这个苦修求学之徒，依旧没有遇到王子，这让我感到失落沮丧，甚至对修行产生了怀疑。

太弱小的我，在那时还理解不了什么叫机缘、什么叫福报。

Chapter 3
爱即是答案

我只看到别人的运气和自己的所缺,我还停留在"老天不公平"的认知里,成了杧果树下哭泣的女孩……

直到后来,我更深刻地去反思,才发现自己把修行神话了,这一年我所做的一切,不是为自己成长,只是在与神作交换:磕几个头许一个愿,唱诵一段许一个愿,捐款许一个愿,做义工许一个愿,实修许一个愿……遇到问题,首先不是停下来反思,而是第一时间观想神,祈祷问题离开,或者请神直接给我答案。

我没有独立思考和觉知的行动。

直到我开始端正态度、改变思维,才真正开始了自我革命和救赎。我不再许愿、祈祷、外求神,而是遇事先停、后思、再行动,即使碰得头破血流,我也只是擦干眼泪,然后总结经验教训,又开始尝试新的方法。渐渐地,我发现自己的智慧越来越多,方法也越来越多,事情也变得越来越顺利;再后来,我发现世界不再那么难了,我有高度了。一览众山小,我的世界变得简单了,我也有了先知先觉的能力了……

这时,我感觉到姻缘在向我招手,不时有人向我介绍男朋友,我仿佛看到我的王子就在前方。

绽放心灵

一切尽在掌握 2012 年 11 月 27 日

微电影《觉》的女主角叫王瑞,瑜伽老师,学京剧出身,后当过兵,用"清水出芙蓉"来评价她是最恰当不过的了。

非常巧合的是,我与王瑞成了同学。

"问世间情为何物,直教生死相许",这是世间女子共同的功课。片里片外王瑞都在修行这个功课。昨天下午我告诉她,我就是《觉》中女主角的现实版,为求"王子"而来求学,两年过去了,王子没出现,我却了悟了。我曾愤怒、咆哮、怨天尤人……我的大秘嫁给亿万富翁,我的小秘早于我觉醒。我曾被人集体围攻,关于我的谣传弄得满城风雨……风风雨雨走过,今天的我,如春芽破土,如黄鹂清鸣,如山中清泉,如大雁翱翔,如海豚清舞,一切如此清丽,一切如此祥和,一切尽在掌握!

我完整了,喜悦是我。生命中无论来谁有谁,我都圆满!我不期待,因为期待本身便是我,我无须期待。我不等待,等待的终极之地就是当下这一刻的所有,我已在当下,已在这一刻。

每天都有许多人来问我:"你所求的世间最好的男人出现了吗?他是谁?"

Chapter 3
爱即是答案

和天下女子一样,我期待一份"一生一世,执子之手"的爱情。但"爱我如骨髓,视我若珍宝"的他到底长什么样,我也不知道,我只是坚信,他就在前方等我。

仅此而已　　　　　　　　　　　　2013年2月21日

碰巧,三个失恋的女生在这个月像轰炸机般一起袭来,向我诉说失恋的滋味,然后一个接着一个地追问:"为什么?"

但对现在的我来说,失恋已是一个很远古的传说,我没有她们所谓的痛苦、挣扎、怀疑、委屈、愤怒……

而对于她们的"为什么",我答:"男人来了,路过离开,仅此而已。我的心已经绽放,我看什么都绽放。你们认为不美好的,我也感觉美好。即便是你们失恋的状态,我也感觉美好。我当下感觉你们都好,你们一直都是好的。而你们之所以感觉到痛苦,是因为你们还没有觉醒,你们的心的绽放是建立在外面世界绽放的基础之上的。"

我体验着完美的世界!

前世是谁深埋了你

2013年3月11日

修千世才可同舟，修万世方能共济。芸芸众生，没有谁是谁的唯一，却总有人使你今生心甘情愿地迷失。

花开花谢，潮涨潮落，缘起缘灭。有意无意，均是天意。

很久以前，有位女子全裸死在路边。这时候一个男子路过，他看到了这具尸体，叹了口气，离开了；后来，又来了一个男子，脱下衣服盖在了她的身上；再后来，一个男子经过时，用黄土把她掩盖，不久，黄土就被风刮走了；只有最后经过的那个男子，为其挖了一个坑，深深地将她埋葬了。

来世，叹气的人是仰慕她的男子，她却不曾为他动情；披衣的人与她有一段尘缘，却无缘结发；而那个深埋她的人，成了他的丈夫。曾经有离婚的朋友问我，她为什么会遭此厄运。我告诉她："你的前夫用黄土把你盖住，所以你们可以生活一段时间，然而你终究要等的，还是那个深埋你的人！"

正如席慕蓉所说的："如何让你遇见我，在我最美丽的时刻。为这，我已经在佛前求了五百年，求佛给我们一段尘缘。佛于是把我化作一颗树，长在你必然经过的路边……"

Chapter 3
爱即是答案

随录《无门关》里禅诗一首：

> 春有百花秋有月，
>
> 夏有凉风冬有雪。
>
> 若无闲事挂心头，
>
> 便是人间好时节。

看着你失恋

2014年1月19日

今天有人跟我说她失恋了，我的心不动，试图感同身受一番，却没有什么波澜。

你约他，他不见。妈哟，"倒追"都不给面儿！谁说"女追男，隔张纸"？亲爱的，这不靠谱！

我也曾失意、失恋、失败、失去过，失了一圈儿，已没什么可以再失的了。什么顾忌、担忧、恐惧，统统体验一遍了。"生与升"的勇敢冒了上来，我豁出去了，非找到一条出口重活一次！

一段苦旅之后，我得到了人生最大的宝藏。我意外地、幸运地、幸福地明了了生活的真谛。

苦尽甘来的我，唯一能告诉你的就是往前走，没有预知，只能体验。虽然很苦，但苦后是甘甜。因为苦只是个滋味，那是味觉，而我们的心可以不受苦。

记住，人生有苦，但可以没有受苦！

我对你很有耐心，看着你慢慢走。你也要对自己有耐心，往前走。如歌中唱的："走吧，走吧，人总要学着自己长大！"所以，亲爱的，唯有一个人能帮你，那就是你自己。

看着失恋的你，虽没有伸手，却已给你祝福！

说到这里，我想起一个故事。

神庙里有个扫地的少年，他见神天天站着，十分心疼。少年对神说，你出去散散心吧，我帮你站一天。神同意了。

第二天清晨，神离开了庙宇。临行前，他叮嘱少年，你今天站在这里，不能说一句话。少年答应了。

第一个走进神庙的是个商人，他祈祷神能让他今天成功签约。说完，商人站起来离开了，无意间钱包掉了出来。少年正想叫住他，突然想起神的叮嘱，就没有吱声。

第二个走进神庙的是一个穷人，他向神祈求金钱，他需要钱给饥饿的家人买食物。这时，穷人意外发现了蒲团旁的钱包。于是欢天喜地拿起，谢过神后离去。少年正要张口，但想到神

Chapter 3
爱即是答案

的叮嘱，就闭上了嘴。

第三个进来的是个渔夫，他祈祷今晚出海捕鱼能丰盛收获。就在这时，商人带着警察进庙找钱包，他们以为是渔民拿走了钱包，要把他抓进警察局。少年实在忍不住了，就大声说出了全部经过。

之后，商人和警察去找穷人要钱去了。

晚上，神回来了，青年非常自豪地将这一天发生的事告诉了神，等待神表扬他证明了事实。神叹了口气："商人要获得更多的钱，需要积累善业。钱包里的钱可以帮助穷人一家。今晚海上有风浪，渔民出海会遇难，抓到警察局可以得平安。"少年沉寂了下来，他为自己的莽撞行为感到懊悔。

所以，你要相信，上天没有以你想要的方式爱你，并不等于不爱你，上天一直在以最适合你的方式深深地爱着你。

思瑶于香港

《婚姻是友谊》之一 2014 年 10 月 3 日

深圳机场满记甜品店内，两位已婚育的女友问我："婚姻是什么？"我脱口而出："婚姻是两个人的友谊，也是两个人与一群人的友谊。"

一个未婚的女人回答了两个婚姻中女人的问题，并得到认同。

这个国庆节，因妈妈担心爸爸精力不足，阻止我带爸爸去欧洲旅游。我能感受到妈妈的寂寞。

妈妈是个非常固执的人，凡事讲求标准化。妈妈希望全家都成为她想要的样子，无论家里家外、生活还是工作。她说自己是最真实和善良的。

小时候，我所有的衣着、发型、书包和鞋，甚至包括家里的物品，一定要按她要求来才不会被责备，我把它们称为"妈妈样式"。妈妈认为我跳舞的协调能力不好，我也因最后一次尝试后彻底失望而放弃了舞蹈——我尽了最大努力，但妈妈仍然认为那个动作不达标。

我在批评中度过了小学六年，初一时才突然开窍。我发现自己能写会说，而这恰好是母亲的弱项。于是我在一夜间找到

Chapter 3
爱即是答案

了支撑。"折腰的小树苗"报名参加了全校演讲比赛,并一鸣惊人地拿下第一。然后,我代表全校去市里演讲,又拿下第一。尔后,我一直在与母亲的对抗和抗争中度过。

活在框框中的母亲,不能适应日新月异的"变化",她是逆向思维的。出于恐惧,凡事先想坏的一面和坏的结果,然后设计应对方案,把自己置于时刻防守戒备的状态,并死守死战。她逃避社会的方法是常期把自己封闭在家里,与植物和动物为友,几乎封闭了与亲戚和同事的互动交流,并且坚信"我是对的"。

小时候起,我就离家求学,长大后,我又去外地工作,但母亲没来看过我一次,理由是她血压高晕车。外婆曾经责备母亲连自己女儿都不去照顾。妈妈回答:"是她自己要去外地的,我晕车,不能坐长途车和飞机,怎么照顾吗?还有,她现在还没有结婚,如果她生了孩子,不请我也去。"话的背后,依旧是我没有按照她的标准来做,因此她感到不舒服,偏要别扭着与女儿对抗,想改变局面,核心是要操控女儿——外面的人都不好、不安全,应该回家乡找个人结婚生子,平平安安地度过一生。推而广之,一家人要以她为核心生活。

而我没有依照母亲的安排生活,历经了爱情和工作的屡次挫折,劫后余生,终于找到了自我救赎的光明,走出了一条属于自己的康庄大道。

《婚姻是友谊》之二　　　　2014年10月4日

爸爸很开心,他在享受生活品质提高的同时可以欣慰女儿的孝顺,并为女儿的成就感到光荣。妈妈很开心,是因为可以把外婆接来住,离舅舅近,她的女儿也可以在成都找个人结婚生子,这样一家人都在一起了,多重愿望都可以实现。

前者关注自己,被母亲称为自私。后者没有自己,都在为他人着想——母亲认为这是一个好人才会有的行为。前者不会为环境与自己的心意不符而落寞伤心,后者一旦外婆不来、我不嫁在成都,就会马上崩溃、委屈和愤怒。母亲认为,她都在为我们考虑,为我们好,我们却不领情,真傻。她的核心思想依然是——周围的人、事、物不在她的掌握中,她深深地感受到付出没有回报。这一辈子她都在为家人牺牲,却没有人为她牺牲,这让她备感凄凉。她渴望慰藉,希望亲人考虑她的一点

Chapter 3
爱即是答案

点儿感受，给予她一点点儿认同，按她计划去执行！

这时，我的外婆去世了。这让母亲非常伤心，她哭着说，外婆这一生省吃简用都在为儿女，却从没考虑过自己，太不值得了。我静静地坐在她面前，待她哭够了、哭累了，反问她："你想和外婆一样吗？死的时候才遗憾、后悔这一辈子太亏了？"母亲安静下来，若有所思，似乎有所触动，便不再说话了。

母亲就像一个孩子，内在无力匮乏，心中充满了恐惧和不安全感，总在索爱。这也是她们这一代妇女的共性。幼年的伤痛、历史大环境、外婆外公那一代人的文化传承，造成了母亲这一代妇女的这种集体意识。

恐惧和不安全感让她们感到担忧，于是她们凡事习惯性地先想到坏的结果，所以负面情绪就会升起。这些负面语言的具体表现形式是——用批评、坏事来提醒我们规避危险。她们以此种方式传递对亲人深深的爱和关怀。

她们希望亲人平安幸福，而亲人则被她们传递的恐惧能量所干扰，甚至受到惊吓——因为笼罩在这股低能量里，我们因感到非常不舒服、害怕而想逃离，于是与母亲顶嘴、争论，或者不再理睬母亲，甚至逃离母亲……

办理完外婆的后事，我陪母亲在成都选房。母亲看房的标准，依旧是我和未来老公是否够住。我告诉母亲，这套房是给父亲和她养老用的，我希望自己的父母有一个好的环境——你们为儿女辛劳了一辈子，不要再继续担忧、劳苦，该是好好享受生活、关爱自己的时候了。母亲一下子又反弹了说："你不嫁回成都，我们过来住有什么意思？不买了！"我回答道："妈妈，我真的不知道我的老公会在哪里、会是谁。但是无论我到了哪里，都会常回成都看你们、陪你们。我的老年也可能在成都这套房中养老。"终于，我妈在爸爸肯定的劝说下才选中了一套。

接下来该付款了，妈妈又急了，她从来没有贷过款，认为这个是危险的。我知道这个房款不一次性付清，母亲住在里面肯定会吃不好、睡不好，会害怕房子随时没有。于是我一次性支付了全款。

妈妈总算踏实下来了，但她又脱口而出："付个全款都这么费劲儿，你有什么成功的？"换作以前我肯定发火了——因为，在那瞬间，我被深深地打击、刺伤、挫败，我感受到的是伤害和心痛。但现在，当下那一刻我的心异动了一会儿，有悲

Chapter 3
爱即是答案

伤、委屈涌上，却在无抗拒、无阻碍中流过。我明了，这是母亲的情绪习气和习惯性语言的条件反射，没有任何含义，她根本没有思考过该说或不该说。真相是，这句话不是针对我的，是母亲内在的那份自我不认可、不自信、没安全感的表现。母亲恐惧的负荷在翻涌，这个情绪需要释放，需要通过这句外在的、不中听的话减弱它、消融它。也就是说，听者感觉是说自己、被攻击，但事实上，不干听者的事，只是说话人自己的问题、自己的事。

如果没有足够的智慧看清这个真相，如果内心有同样的问题伤痛，你就会被诉说者勾起、干扰你的情绪，你就会开始痛苦；如果你不愿意痛苦，你便会开始还击，如此冲突开始，吵架争论战发生，彼此委屈心寒，然后不欢而散。

人类千万年来，一直在重复上演着这类故事、这种纠结和这份牵扯。

思瑶于深圳

《婚姻是友谊》之三   2014 年 10 月 5 日

母亲从成都回来，进家门的第一件事情就是找"百宝箱"——翻找她的存款单。我晕！她 30 年来认定，把钱存在银行是最安全、最划算的，于是，每凑够 1000 元、2000 元或 5000 元，她就去银行存款。

我的天！一大叠三年、五年期的存款，那些年我妈要用它们去买房、投资，我担保她早盈利了若干倍，一定是百万富婆了。妈妈忍痛提前把一些取出来，凑给我一次性付清买房的钱。这让我心中百味，哭笑不得。何苦呢？借银行的钱和借父母的钱不一样吗？这时候讲道理，只会激起母亲的逆反心，她一生气就不会让我买别墅了。

我含着泪收下 19 万元，告诉她，剩下的钱别再给我了，我自己可以解决。我妈说，这些钱是我以前零碎给她的，她舍不得用，为我存着，以备不时之需，她说我哪天生意做赔了，这些钱还可以让我糊口。

可怜天下父母心！老妈总是考虑到最坏的遭遇，要提前为我打点好！

这就是那一代父母的爱。看似迂腐，其实内在忘我。在生

Chapter 3
爱即是答案

死名利关头，他们可以选择牺牲自己，保全成就儿女。

老妈心头的一块石头落地了，开心了，脸部的肌肉放松了。趁着我和妈妈在成都选房之时，爸爸呼朋唤友第一次在家打了一次牌。要知道，我爸此举可是破天荒的大胆，几十年来我爸都不敢叫他的朋友来我们家吃顿饭，更别说打牌这种被我妈视为坏人才玩的低级趣味娱乐了！

以前，我妈喜静，淡雅如菊，热衷于在家里搞棋琴书画。父亲爱热闹，喜欢新事物。几十年下来，他们各玩各的。母亲蹲家守家，每周三父亲都去外面玩，在外面看上去逍遥自在，其实是在逃避、消遣、放松、对抗、释放、无奈、解闷。家，只是父母共同而不得不寄宿的"宾馆"。

现在，我的父母发生了根本改观。父亲为母亲买了一件粉红花色的印度裙。My God，好时尚哦！

现在，我爸约我妈每天一起出门散步。

现在，爸爸领着朋友回家玩，是从逃避走向面对，是从对抗走向面对，是对自己行为的接纳和坦然。在这些举动中，我看到了父亲意识的转化和内在力量的升起。

现在，母亲河东狮吼时，父亲不再摔门走人，而是坐下来一动不动地看着我妈的眼睛。老妈吼够了、吼累了，火气儿也释放完了。几次下来，我妈发现没有对手了，最后把自己吼笑了。

现在，老妈居然跟着隔壁大妈去庙里烧香，而且是主动去的。天啊！我妈从出生开始就没有信过佛，也从未去过庙里。真是个奇迹！我敢担保她连佛陀和释迦摩尼是同一个人都不知道。嘻嘻！

老妈要去参加老太太们的坝坝舞——哦，像我妈能歌善舞类人才，不去实在可惜。

每次给母亲打电话，都能听到她银铃般的笑声，比如她会笑着告诉我要在新房的花园里种点儿什么。

七年前，无论是我，还是我的家庭，都处于最低迷、最艰难的时期。后来我走上了自我救赎之路。

七年后，我在身心灵各方面都得以圆满成长，企业、家庭、个人也变得顺利、和平、繁荣。

在我的祝福下，我爸爸在九个月间进化了意识。如今，爸爸总是说："夫妻应该像朋友一样相处，才能白头偕老。夫妻两人来自不同的两个家庭，从小的生活环境、家庭教育、成长经历造成了各自的性格、爱好、习惯、处事观、人生观都不相

Chapter 3
爱即是答案

同。夫妻俩用了一辈子来证明自己是对的,都要求统一性。但生活告诉我们,生活也要百花齐放,允许尊重各自的独特性和差异性,接受、肯定、允许、祝福对方,这就是目前我所领悟的。欣慰的是,我的女儿比我有着更高的觉悟。"

是的,婚姻是服务。感恩你选择我成为你的伴侣,给我一个服务你的机会。我愿意为你贡献自己!

思瑶于深圳

拥有梦寐以求的容颜是否就有春天　　2014年11月18日

李宗盛有句歌词:"拥有梦寐以求的容颜,是否就能拥有春天?"今天我告诉女友们,你长得像范冰冰,嫁入了豪门,不等于守得住豪门,可能还要面临离婚的处境,因为你无法承载豪门。

女人一生有五个角色——女儿、女人、妻子、母亲、"女神",缺少其中任何一个,生命都不能平衡。失重产生问题,于是你无法喜悦、相遇、相识、相知、相思、相恋、相爱、相守、相助、相护、相伴……所以，女人需要提升自己。

思瑶于重庆

从盲目的爱走向开悟的爱　　　　2014 年 11 月 23 日

过去，因为惯性思维和投机心理，我们付出爱，是为了有所回报，爱与被爱，变成了一种交换行为。这种爱，目的性很强，是盲目的。

而开悟的爱则是——给予他人想要的爱吧！这种爱是循环的，转了一圈又回来了，它不一定是你想要的，但一定是最适合你的。

我曾经和学员们分享："你的男人们（丈夫、儿子、父亲、兄弟等）都喜欢你，那么恭喜你，这是第一个层次的开悟！"

你人见人爱，车见车载，啤酒见了开盖，拥有许多老少男女粉丝，你是国民偶像，那么恭喜你，这是第二个层次的开悟。

无论职业、地位，从政界、文化界、文艺界、商界、草根界都对你充满了深深的敬仰和臣服，充满赞美，你让人们深深

Chapter 3
爱即是答案

地体验到了光明、美好和希望。那么恭喜你,这是第三个层次的开悟。

我问学员:"你现在过得怎样?达到哪个层次了?"学员甲站起来:"老师,我17岁时遇见前夫,在一群显摆的男孩中,我爱上了他的冷漠成熟,他爱上了我的单纯美丽。我们结婚了,每晚抱着睡觉,甚至早上起来他还抱着我。我惊讶这个姿势能整晚不变。后来我生了孩子,我每天抱着儿子睡觉。他说:'亲爱的,可以抱抱我吗?'我说:'你多大了,还要让人抱?'从此我们背对背,各自一个被窝。再后来,我穿8元1双的鞋,全身衣服加起来不足200元,我老公全身2万元。离婚时,老公给我50万现金,1台200万车。我一分不要,每月2000多元,带着儿子生活了8年。我过得很不好,老师,帮帮我!"

学员乙也站了起来:"我的前夫爱赌博,两家工厂的经营每况愈下。我爱上了现在的男友,我们打算结婚。但我15岁的孩子说只要我再结婚,他就自杀。我很害怕儿子真的自杀,所以离开了男友。男友要带我走,我拒绝了。他一生气3天内找了个女人结了婚。我好委屈,好绝望,好无力。为什么他们都要这样对我?我放不下。老师,帮帮我!"

我说："女人们啊！你们需要清理、疗愈、转化、扬升。你不是一个人，你的内在是一群人、一群人格——女儿、情人、妻子、职场女人、母亲、觉悟者……开启她们，激活她们，随物而化，活在回应里，而不是出于被动反应。"

思瑶于深圳

关于未婚先"性"　　　　　　　　2015 年 1 月 23 日

昨天去拜访、感谢一位长者，听他讲了一个故事："一位 45 岁的离异女士，据说身价上亿，和另一个长她 3 岁也是上亿资产的的男士恋爱。他们外出旅行，一人一间房。女士警告男方，你要对我非礼，我就报警——不入洞房，不住在一起……"我笑着说："女士很可爱，成熟而且有内在支柱、内在力量。"

相信大多数妈妈在女儿恋爱时都会提醒："始乱终弃，不要婚前性行为！"

很巧，清晨出门前微信里有读者求助，说认识了一位男士，一周便确定恋爱关系，然后搬进了他家。一个月后发生了争执，

Chapter 3
爱即是答案

她赌气搬了出来。过了几天,她后悔了,再去找他时,他却态度冰冷、爱理不理。她再深入打听,这个男人已婚。

我回答:"反思吧!你应该意识到这是多么不尊重自己的身体,不到一个月就把自己……后面的轻率抓取和无望寄托不是没有原由的……"

微信上又有人抓狂:"思瑶老师,我怀孕了!"我说恭喜你呀!她接着哭叫:"孩子不是我丈夫的……"也有人哭诉:"他不要孩子,不和我结婚……"

看看地球上每天被堕胎的宝宝,这何尝不是杀害?医院的流产手术室何尝不是没有硝烟的杀场?

在灵性修行中,一夜情并不会因为天亮了你们的关系就结束——即使只有一次性关系,它也将长久地干扰你的生活。

在身心灵教育中,堕胎被视为谋杀,你将承担这个因果。机缘成熟后,它会破坏你的财富、健康以及爱情等社会关系。

红色浪漫　　　　　　　　　　　2015年2月6日

不同的历史时期,都有属于它的故事。时代不同,故事各异,但都是人类顺应时事而创造的、符合当时人们思想意识的文化和民俗。生活的艺术、爱情的浪漫也不是舶来品，只是我们囿于现有的认知标准，感觉从前的行为有些古旧罢了。

被学员感召，我来到临沂，看望了三位特别的长者，并送上红包。

三位长者中，一位是伤残军人冯光大，93 岁；一位是军属红嫂冯广英，89 岁；一位是老复员军人冯尚书，84 岁。

只有走进他们，我们才真正理解他们。品尝个中滋味，体验着那个时代的精神——热诚、忠诚、乐观、积极、豁达、无畏……

握住 93 岁革命前辈的手，气场足够强大的我，在他面前仍被深深地震撼和感动了。生之荣耀，生之从容，生之宁静，老人没有一丝恐惧，如如不动。是啊！修行不一定要在寺庙、在深山、在红尘之外。老爷爷是在战场上活出了奉献的人生，完成了此生的修行。

89 岁的红嫂冯广英伸出手来，握住我们送上的三个红包。她的女儿打开红包，给她看里面的钱。女婿说老人家一辈子都没见过这么多钱。但老人的注意力不在钱上，只是如初恋少女

Chapter 3
爱即是答案

般羞涩地问:"是我老头留给我的吗?"刹那间我呆住了,随即温暖满心,我满怀欢喜地回复她:"是的,是他老人家留给您的。"老奶奶笑了,笑容如出水芙蓉般盛开。

老红军的爱,是红色的爱。有人说红色无浪漫,我说红色亦多情。

离开84岁老复员军人冯尚书家,不经意回头间,我看到老爷爷逐一掏出三个红包,递给老伴,乐滋滋地开怀大笑:"缴枪不杀!"

刹那间,我明白了:爱你就是把我所有的财产交给你管理,爱你就是我的军饷按时寄来供你生活……

这是多么质朴简单的红色爱情!他们早已了悟,并早早幽默地活出了一场欢庆的生命!"60后""70后""80后""90后"……我们是真的进步了,还是越来越防备、自私、恐惧……退步了?我们究竟要去哪里?

车在山间绕行,我一路品味着红色浪漫中的爱情。

思瑶于临沂

大话爱情

2015 年 4 月 6 日

清明祭祖风雨日，却见桃花朵朵飞。

清明时节，咨询者中绝大多数是女人，其中 90% 的问题又是关于爱情的。

原来清明节除了扫墓祭祖，还有踏青谈恋爱的习俗。清明至少涵盖了三个节日——寒食节（扫墓祭祖）、上巳节（谈恋爱）、清明节（踏春）。宋元后，清明节渐渐演变为兼顾"扫墓游春谈恋爱"的综合性节日。原来如此，哈哈！

是日清晨，某女发现老公不开心，据说还冲着她发火。该女遂搬我做救兵，去找她老公谈心。我怀疑是她自身的原因触怒了她的先生，但我去了她家，只是直截了当告诉她先生，今天清明，你家祖先想你了，去看看他们吧！她先生就开车带她出门了。车里弥漫着忧伤的《小龙女》主题曲，多愁善感的她，哭得一塌糊涂。老公又烦了，据说又冲着她发了火。

事后，我告诉某女，老公顺着你、带你祭祖踏青散心，你感恩了吗？两个人好不容易才有如此浪漫的独处氛围，你不打情骂俏、开心幸福，哭什么呢？某女一点即通，由此他们过了两天开心的二人世界。

Chapter 3
爱即是答案

是日中午，另一女士来信告知，男朋友很爱她，属于慢热型，每月还给她零花钱略表心意，但她身子有病，男友父母很在意。该女很纠结，不知道该怎么办。我回答："别人父母无论怎样做、怎么想，都是他们的权利。你男友拥有自由选择的权利。至于你，可以这样做：一、仔细考虑你喜欢他吗？你们适合吗？你想跟他继续交往并走向婚姻吗？二、如果答案是肯定的，请反省自己，为什么对方父母不喜欢自己，自身哪些方面需要提升和修正？三、明确后，开始行动。改变自己，有病治病，并积极主动地与其父母弥合关系。四、谋事在人，成事在天。无论结果怎样，心怀感恩并臣服事实。五、结婚证固然重要而美好，但从恋爱中我们学到什么、提升了什么也很重要。所以，恋爱的意义不仅仅是顺利结婚。

这世上各有各的爱情真理：

有的一见倾心，当下携手，一生一世白头偕老；

有的历经千辛万苦，终成眷属，恩恩爱爱，生死相依；

有的人享受过程，相识、相知、相恋、定婚、结婚、相守；

有的七天一大吵，三天一小吵，最终还是结了；

当然，也不乏三角恋、多角恋、婚外恋……

绽放心灵

问题的关键在于,弄清楚自己到底要什么而不是迁就对方成为什么。你可以要求,但永远不要强求,强求的结果会导致双方都痛苦。

永远要明白一点,当你的快乐建立在对方付出和给予中时,最后你会失败并且痛苦。

我们可以做到的是,有你没你,我都可以和自己喜悦相处;有你没你,我都可以发现快乐;有你没你,我都可以享受当下的生活;有你没你,我都对自己的精彩负责。

思瑶于上海家中

写给普京的情书　　　　　　　　2015 年 5 月 7 日

去年年底,有粉丝们听说我谈恋爱了,就调侃说:"不要在普京最低落的时候离开他嘛!"今早,又一粉丝哥微信语音说:"完了!完了!普京哥哭了。可惜呀!普京失去了一个最好的灵性女生。"

这玩笑缘自多场让爱循环公益行课程,我请全场未婚女子

Chapter 3
爱即是答案

们站起来，并让想嫁给普京的继续站着，随即哗啦啦坐下一片，只剩下零星几个。那时，我正要申请去某大学讲公益行，有一些阻碍，因为学术界不了解我的工作内容。所以，我的内心有一个声音，渴求破除、扬升、活出、成为……普京很自然地在那时成了我的偶像（准确地说是普京精神），一直激励陪伴我度过了那个特殊的阶段。所以，我告诉学员我要给普京写封情书，在众多俄罗斯美女中我依然是一枝独秀，因为普京最需要一个心灵导师，我完全可以胜任！哈哈！

今早粉丝的调侃提醒了我，的确应该遵守承诺，写封"情书"给普京！

在生命每一个阶段，我们有不同的指引、榜样和老师，激励我们，给我们前行的力量，让我们不断突破、成长、扬升……

所有的一切构成了我们生命的完整！

时过境迁，如今提笔，已经没有了当初的心境、感悟、情怀，因此，已写不出当时那份羞答答、暧昧、憧憬的韵味，也写不出那份有共鸣、有欣赏、有崇拜、有需要、有酸有甜、厚实豪迈的复合型情愫。

做普京夫人？我的内心没有这份配得感、成为感、价值感，自然也没有去努力去行动。

普京的情书至今仍未写就,因为我爱的是普京精神,而不是普京这个人。

如今,我具足,我已有,我已是。所以,我的外在世界里已看不见普京,同时普京精神已成为了我的一部分。

写给普京的情书,不过是写给我自己"普京部分"的情书!

在时间中穿梭,自由自在地活 2016年1月2日

昨天下午男友带我去看电影《唐人街神探》。影片中,王宝强扮演的舅舅告诉他的表外甥,不要叫他"表舅",要叫他"小唐'90后'"。

这一情节,让我想起前几日遇到清华大学和北京航天航空大学的两位经济学教授时,他们对我说的第一句话就是:"听说你很年轻,'90后'吧?"我正要解释,对方立刻说:"很荣幸地介绍一下,我是'80后','90后'女生的欧巴!"我开怀大笑。他又说:"我们是青年商学院,专为'80后''90

Chapter 3
爱即是答案

后'服务。"哈哈哈！

紧接着从早上10点一直讨论到下午4点，6个小时，经济与灵性完美相遇，智者与智者相谈甚欢！

那天的经历，让我和欣儿大受鼓舞。

今天有学员来找我说，她比她男友大10岁，她对此心有芥蒂，至今仍在纠结要不要结婚。我告诉她："如果你要迎合世俗的观念，结与不结都不会快乐！"

人分为三等——上等人、中等人和下等人，修行人则将人分为高意识、中意识、低意识和高能量、正能量、负能量的人。

多与具有高智慧、高意识、高能量的人在一起吧！这样，你怎么活都精彩！

假如你比他大10岁，那是"过（杨过）龙（小龙女）"恋，你天天唤他"过儿"，他天天称你"姑姑"；假如你们年岁相当，这叫金童玉女，你天天唤他"夫君"，他天天称你"娘子"；如果你比他小10岁，那就是萝莉和大叔呀！在时间中穿梭，自由自在地生活。当下想做什么就做什么，别留遗憾，别让自己徒伤悲……

绽放心灵

亲情如海

我的弟弟　　　　　　　　2013 年 1 月 18 日

我的弟弟对美食充满了热诚，只要我在上海，家里一定高朋满座，都翘首等他从厨房里端出一道道美食。

一直以来，弟弟都梦想着拥有一家自己的餐厅。因机缘不成熟，他就先在我的展览公司工作。弟弟很乖，任劳任怨，哪里需要哪里钉。

去年我送弟弟去灵性大学学习，回来后他向我提出辞职，说找到了力量，可以摆脱对我的依赖，想去冒险尝试一次、奋

Chapter 3
爱即是答案

斗一把,实现梦想,活得顶天立地。

弟弟要开一家餐厅,并着手撰写《"记忆美食"——童年的记忆,妈妈的味道》商业计划书。机会总是眷顾每一位有准备的人,没过多久,就有人愿意给弟弟投资100万元。我考虑到他对采购、后厨以及整个运营流程没有经验,便打电话给餐饮界一位朋友,请她帮忙安排弟弟实习。

弟弟踏上了新的征程。

他说:"姐姐,你太辛苦,你累了,就别工作了,我会养你的,不要害怕!"

幸福像花儿般开放!

餐厅开了起来,是家快餐店,勤劳的弟弟早出晚归。我却越来越感觉不舒服——身体上感到不舒服、难受。有一天觉知,弟弟身上的能量变混浊了,家里的能量不洁净了。我找弟弟谈话,希望他转行,虽然餐厅没有直接杀生,但是买回的肉类所带的信息是混乱和低频率的。

弟弟也自省了许久,年底便退出了餐饮业。

绽放心灵

感恩父亲给了我一个服务的机会　　2014 年 5 月 30 日

这次旅行让我感悟很多,也学习到很多——我在爱的路上学习孝敬父亲,帮助他提升意识。

我看到了自己内心深处的旧模式:自私、索爱、不感恩,对父亲不够关心,没有耐心,强势控制……感恩这次学习之旅,感恩父亲给我一个孝敬他的机会。

这次旅行,我发现自己一路成长。这次旅行也教会了我如何处理夫妻、婆媳以及亲子关系。

感恩生活中的每一个发生,提醒我不断地进行自我反省,指引我回家。

我是如此幸运和幸福,为此我深深地感恩!

思瑶于印度

多陪陪亲人　　2015 年 8 月 14 日

年中不是年终。年中休假半个月,周二飞回成都陪父母,周六去看我的男朋友。

Chapter 3
爱即是答案

父母在一个城市,男朋友在一个城市,我要在好多个城市工作——我全都想陪,多渴望亲人们能在都喜欢的同一个城市安住啊!

黄晓明曾说:"希望 baby 的父母、我的父母和我们全住在一起。"过去不大理解这句话,现在则感同身受。我想《桃花源记》《天堂》《黄金时代》所表达的心境,也不过如此吧!当然,这份心境要经过岁月的洗礼和沉淀,方能品味出其中的玄妙和韵动——那是另一个维度和另一个振动频率空间。虽然外表一样,但内核不同。

脑海中闪过《捉妖记》中的人物——"姚晨"所代表的是职场精英,"白百荷"所代表的是正在寻找晋升机会的明日小花,"井柏然"所代表的暖男一族……

约了男朋友,让他抽时间陪我第三遍看《捉妖计》,还要带我旅游两天。我的男朋友也是暖男,但是事业非常忙。祈祷我俩都减产,能多点儿时间陪对方!

思瑶于四川

幸福像花儿开放　　　　　2015年9月27日

从小，爸爸就把我当公主来养，而妈妈把我当丫鬟来养。也好，因为这样将本姑娘培养得能上能下、能屈能伸。

今天中午，妈妈又批评我不节约又懒惰，理由是我请了个生活助理。我爸急了，有点儿上火地对我妈说："闺女工作特别、作用特殊，太辛苦，身边一定要有个人随时随地照顾她。"爸爸见多识广、阅历丰富、好学、灵活、与时俱进，而妈妈闭塞、条条框框限制多、固执、较真。归根到底，是妈妈对金钱有恐惧感，所以勤俭节约，本质是妈妈对自我的接纳、允许、配得感差。爸爸凡事想好的一面，结果则是大事化小；妈妈凡事想坏的一面，理由是未雨绸缪，结果则是小事变大事。

母亲的状况，在她们那一代中国妇女中非常普遍。

我明了，父母都爱我，只是爱的方法和形式不一样。母亲认为她这叫真实的爱，是为我将来能平安顺利。

我像爸爸，所以从小顺利、成功，长大了富足、安康。

我的爸爸觉得我哪儿都好。在爸爸心中，我比中央电视台播音员还棒——虽然我的普通话并不标准。闺蜜丽萍去我家玩，爸爸的照顾让她觉得好温暖，羡慕我有这样的家。在我很小的

Chapter 3
爱即是答案

时候，我爸就能容忍我睡懒觉不下床、在床上吃早餐的习惯，还给我安了个小床桌，把早餐送进房放上面，又放上零食和饮料，待我吃完后他再收走。我坐在暖暖的被窝里看书、吃零食。而我妈，则扯着嗓门在客厅里批评我不讲卫生、没规矩。后来见我还不改正，就径直进屋来监督我洗漱了。

我的女朋友与她父亲关系特别不好，所以，到我家住了段时间，享受一下公主待遇，病很快就好了。

幸运的是，我的男朋友也是这样子，精养我，一定要我身边有助理。因此，我的公主命继续着……

幸福像花儿开放！

绽放心灵

友情如醇

奇迹　　　　　　　　　　　　　　　　2013 年 3 月 16 日

人们问:"园园多大了?看上去 25 岁,听说话 35 岁,成就如 40 岁。"

我答:"她 1987 年出生!操盘我的国际展览公司两年,保持了行业第一,市场扩张 50%,盈利增加 50%。"

人们说:"你的 CEO 嫁入豪门,离开你做了全职太太。"

我答:"前一周她回来了,心疼我,帮我,爱我!"

某一天,我一激动,说要在中国办 108 场"让爱循环·祝

Chapter 3
爱即是答案

福中国"公益行,说干就干。又一天,我发现做公益行要全心全意,经营展览公司会占用我一些时间令我分心,又一激动,我赠送罗敏、园园各50%的股份,从工作中抽身而退。

我从展览公司拿钱去做公益,大家提醒我:这样下去企业会亏损。我却没有一点儿恐惧,我坚信老天不会让我饿着肚子去度人的。我毫无顾虑,埋头苦干,充满热诚和力量!

奇迹真的一直在的哦!不仅展览公司盈利越来越多,而且有人开始捐款帮助我做公益行,还有了商业课的收入。

只要心中有爱,没有杂念和担心,充满热情、全身心地去做自己喜欢的事,老天就会派天使守护着我——园园和罗敏就是我的天使!

绽放心灵

大爱如山

动物富豪排名　　　　　　　　2012 年 8 月 1 日

意大利罗马一只流浪街头多年的 4 岁小猫,继承了主人 8000 万元人民币遗产,成为世界上最富有的猫咪之一,也一跃进入动物富豪榜前三。

名列富豪榜榜首的是德国牧羊犬"冈特四世",身家 8.9 亿元人民币。

第二位是大猩猩"卡卢",身家 4 亿元人民币。

这只 4 岁的小猫名叫"托马西诺",位列富豪榜第三。在

Chapter 3
爱即是答案

主人无数个孤寂、忍受病痛折磨的日子里,它给了他生命中最后的快乐和慰藉。

人类需要唯一的爱,当得到了就会无条件回馈。

爱在人与动物间流动。

被爱感动 2012年12月14日

2011年12月10日,我受邀参加"中国2011年全球华人名家智慧论坛"演讲,这是我第一次在中国分享什么是灵性,感恩李薇薇女士的邀请。

当天,中国四大演讲家之一——彭清一爷爷是第一位上台演讲的嘉宾,我是第二位。彭爷爷的演讲排山倒海、气势磅礴,引来全场雷鸣般的掌声。

我不由紧张起来:一是担心自己讲不好,得不到场下2000多名听众的认可;二是怕自己没有彭爷爷优秀,得不到观众的喜欢。虽然感到自己的腿有些发抖,但我仍告诉自己要安住、静心,于是我闭上眼睛,开始祈祷。我感到一股热浪从头而降,全身瞬间被巨大的光热流充满,我的紧张感消失,自信心回归。

走上演讲台,我感觉大脑一片空白,写好的演讲稿已然忘记,却仍能出口成章。每次都是一句话说完,我才反应过来,感觉这句话真好!这是一次奇妙的体验,全然在后知后觉中流敞、表达,那些语言好像不是来自头脑,而是来自天际……

依稀记得当时演讲的一些话语:"今天,我们是为智慧而来,每个人都有自己对智慧的定义,我心中的智慧是爱。你爱钱,钱就会爱你;你爱快乐,快乐也会爱你;你爱愤怒,愤怒就会爱你;你爱失败,失败也会爱你;你爱他人,他人也会爱你。思瑶爱在座的2000多位亲人,你们爱我吗?"场下顿时响起雷鸣般的掌声,并伴随着热烈的欢呼声:"我们也爱思瑶!"

当天的演讲非常成功,我也出乎意料地成为当天被索要签名最多的演讲者。

这次体验让我了悟:基于爱去做一件事,你会收获被爱,这件事也一定会圆满成功。

被爱感动。

Chapter 3
爱即是答案

自我批判的根源　　　　　　　2013年1月11日

对自己说"是",通常是最困难的。因为,往往自我批判比外界的批判更为苛刻。

我们从孩提时代就丧失了自信。年幼时,父母说我们笨、不够优秀、不如别人,小孩子对父母的绝对忠诚和依赖,使他接受这些概念并确信无疑。根据认知神经科学研究,幼年接受到的这些负面信息会深入到一个人的无意识层,尽管长大后的我们具备了独立的认知能力,会对自己重新做出评价,但幼年接受的负面信息已经在无意识层程式化了,无时无刻不在潜意识层影响着我们的决定、行动、情绪和习惯。

于是,我们总是感觉自己需要更努力、更进步,才会被认可、被接受,才值得被爱。我们害怕来自外界的批判,害怕别人说自己不够好。这些恐惧给我们带来压力,使我们总是努力去迎合别人,我们会为了获得他人的认可而对自己千般奴役,甚至会甘心忍受他人的羞辱和不平等对待。

这种内在的不自信会阻止你发挥自己的智慧,会使你紧绷,让你犹豫甚至恐惧……最终导致一个后果:你表现得很愚蠢,也深感自己很愚蠢!

绽放心灵

美丽的心 　　　　　　　　　　2013 年 3 月 17 日

安徒生童话莫不是源自梦的创作吧？童话里的故事一定是作者曾耳闻目睹或经验过。童话传递着美好，它必定出自一颗美丽的心！

夜里，我梦到我的小拖鞋跳着芭蕾，围着我说话、唱歌。我们一起欢快地玩耍着……

柔软地呵护 　　　　　　　　　　2013 年 8 月 2 日

身边来了个小帅哥，还是港澳同胞。虽同为炎黄子孙，但观念、风俗、气场、频道还是有很大差异的！即如是，我们便开始了文化的融合。

小帅哥叫许肇尤，今年19岁，非常通灵的一位音乐神童，他喜欢和机器说话。现在，他是我的专职DJ。

我们第一场合作是在"让爱循环·祝福中国"公益行深圳站。当时，700多位学员在我的带领下为中国的崛起和中华民族的伟大复兴祈祷。课程结束后，他脸色苍白、双眼空洞，弱弱地问我："为什么像打仗一样？"这个问题把我问呆了，我转身问：

Chapter 3
爱即是答案

"石丰老师和李萌老师,你们害怕吗?"两位心理学前辈答:"是他内在的问题!"于是我懂了:噢!澳门男孩要温柔文化……

前不久"让爱循环·祝福中国"公益行来到遵义,有意思的是,当地没有足够大的宾馆会场,我们的课堂被设在医学院大礼堂,这个礼堂可以容纳五百多名学员。该医学院一至三楼是手术室门诊,五至七楼是住院部,我们的课堂设在四楼礼堂,其间我们把喜剧效果发挥到淋漓尽致:课程中学员疗愈清理时,好似整个大楼都在颤抖。

小帅哥再次脸无血色,双眼更加空洞地告诉我,他听到房子跟他说要倒,因为施工时不坚固。我调皮地笑着回答:"尤尤同学,如果你现在逃出这个大楼,很可能刚冲出去那一刻,天下就掉块石头砸了你。但是,即便七层楼都垮了,李思瑶也是那为数不多的幸存者之一!"小帅哥大惊失色,本能地嚷出一句:"我总要保护自己!"我的脸沉下来,非常严肃地教训他道:"从我干这活儿第一天开始,只要站在讲台上,我就全心全意'讲课',没有制约和恐惧。"

接着,我反问:"你负责课程的音乐,你即是音乐本身,怎么会跟房子扯上关系?请你专注!活在当下是我们唯一正确的选择，要死的，逃不掉；不该死的，房子倒了我们也不会死。'谋事在人，成事在天！'你永远计划不过老天！"小帅哥怯怯地、委屈地低下了头。

在离开遵义去机场的路上，公路两旁的玉米灿烂地向我们挥手，小帅哥开心兴奋地说："好大的稻子哦！这是我见过的最大的稻子！"全车人哄堂大笑！哈哈！

小帅哥还是个孩子，同龄的孩子还在学校读书，他已出来工作挣钱，帮持家庭，多么懂事的好孩子！我的内心涌起一股暖流，这个小天使来到我身边是让我学习"柔软、耐心地呵护"的吧！

接受洗礼并舒展　　　　　　　　2014 年 2 月 25 日

各门各派都有自己的规矩，我这种"高才生"换个法门依旧须从"零"开始。我已经与一帮老爷爷、老奶奶、家庭主妇们在一起三天啦……

7 天前，我为一百多个 18 岁左右的孩子上课。第一天的课程结束后，我很沮丧，因为我把不住孩子们的脉搏。深夜，我

Chapter 3
爱即是答案

坐在床头觉知反省：我想把学生带到自己想要的地方，而不是允许学员待在他们感到舒服的地方，接纳他们当下如是的状态。这批孩子在父母、爷爷奶奶、外公外婆"三座大山"下长大，家族的心肝宝贝对应一个词——"家族的兴衰繁荣"！上学，老师填鸭；下学，父母填艺。他们身上满是老师的希望、父母的希望，而他们的希望在哪里？他们的希望不被允许！第二天，我做了八个字："接受、允许、尊重、自在。"新的一天，孩子们深深体验到生命的自由自在。

读懂他们，才能引导他们，这将是我宝贵的教学经验！

一个灵性老师，不是文采多好，也不是语言多丰富。所谓授学，只是一个灵性老师不断修正自己的过程，在不断的自我更新的探索中进行转化，而老师的转化必将带来学员的转化，这种转化是毫不费力、自动发生的。灵性老师要不断地接受洗涤和舒展，一次次臣服和活出，直至做到"出淤泥而不染，濯清涟而不妖"，如一盏心灯，让人们看到光明和美好，从而激起他们内在的力量，向着希望奔跑！

绽放心灵

将暴力转化为爱 2014 年 3 月 3 日

暴力在爆发、在呐喊，如山洪、如地震、如海啸，这一切皆是人心所造。人类集体意识中有太多的创伤需要爱来抚平，暴力则是这些创伤索爱的极端方式。

于是，我们被暴力干扰，被暴力控制，被暴力绑架。我们的眼里只有暴力，我们的无明使我们沦为另一种形式的暴力！

你关注它，却无法接纳它；你和它对抗，又不知道它躲在哪里。你感觉不安全，你很恐惧，你的恐惧以愤怒的形式表现为"伸张正义"。

愤怒、对抗、恐惧、不安全感等都是负能量，当这些负能量聚合在一起，形成一个聚合体，可以想象，那将多么糟糕！

寻找光明的道路并不在此！让暴力转化为爱。当下的你，不要去关注外在暴力。

你必须看到暴力的真相，才能将其转化。诚实地去观瞻自己内在的暴力，光明的大门便会开启。

每个人内在都有潜藏的暴力，出于形象、关系、道德、法律、后果等各种顾虑，我们压抑了下来。

当你看到真实的自己，当你承认自己的状态很糟糕，当你

Chapter 3
爱即是答案

诚实地面对自己的内在,你就会放松下来,心渐渐绽开,伤痛开始释放,这时候开始有爱溢出,你开始对自己慈悲。于是,再看外面时,你便有了力量,这个力量会转化为爱。

当多个爱的能量相遇,就能产生更大的正能量。

厚德载物　　　　　　　　　　　　2014年11月17日

我告诉学员们,你带着问题来到课堂,也就是带着目的来到课程,意识到你的问题即是你的目的,活在目的里即是活在对抗中,对抗把你带入生命的黑洞,你当然也处于低意识和负能量中。

换个角度看生命,即是看到问题的利益面,把目的转化为目标。目标中有创造,活在创造中,你就活在力量里。力量把你带入爱、阳光、正向、高意识,目标令你不断自我修正,这是一段成长至匹配的旅程。一个实现了目标的人,一定具有与目标匹配的修炼。

厚德方能载物。更高的目标和更大的梦想,需要更高意识的指引与承载。我想获得诺贝尔和平奖,不是一个目的,而是一个目标,是我愿意成为这样一个美好的人,愿意为之修炼一生,不断地自我鞭策与修正!

思瑶于深圳

女神,让世界开花

2014年11月26日

当一个女人心开花了,这个家庭将兴旺发达。

当一群女人心开花了,整个家族将兴旺发达。

当一个企业的女人心都开花了,整个企业将兴旺发达。

当一个城市的女人心都开花了,整座城市都将繁荣兴盛。

当一个国家的女人心全开花了,整个国家都会开花,这个国家必将屹立于世界民族之林!

当全世界的女人心都开花了,整个地球,整个宇宙会成为同一朵爱的花!

思瑶于深圳

Chapter 3
爱即是答案

奇迹是心开花结的果　　　　2014年12月3日

奇迹不是神秘，也不是老师有什么神奇功力，奇迹是你自己的心开花结果。

修行不是沉迷于神秘的体验，也不是追求小神通。

修行是关于你的心花开得有多美、多灿烂，能给人们多少温暖；修行是关于你的心烛能点燃多少颗心；修行是你的光明能照亮多少迷路的人，并帮助他们回家；修行是你能为这个世界做什么贡献。

无论是你的业绩是从300万元增长到了1000万元，还是老公回家了、爱情到来了、疾病远去了……其实方法只有一个，我也只做了一件事——只是让你的心开花了，将你的心点亮了。

思瑶于四川老家

在温暖感动中度过的一天　　　　2015年1月26日

两天公益行课程，让我嗓子累、身体乏，疲劳工作的一年又过去了。往年，元旦前一个月就会闭关休息，今年却延迟到

1月底，而且2月6日至8日还要加三天特别课程。我恨不得挖个洞钻进去睡上一年，不说、不吃、不喝、不见、不动，静止下来了，然后再出来。

学生常明告诉我，有一群MD罕见病的孩子需要我的援助。义不容辞，我在睡眼蒙眬中从西安市区出发来到这里——一个位于敬老院六楼的MD罕见病指导中心。这种罕见病人的寿命一般只能活到18岁，最高记录也只是活到30岁。从5岁左右开始发病，身体一天天萎缩直至死亡。目前医学尚无办法解决。

有一位母亲在二十多年里，为自己的一对双胞胎孩子实施物理自然疗法。当然，这些方法没有人教她，也没有地方能学到，她是在为了让两个孩子活下去的伟大母爱中，摸索试验出来的。目前已经有二十多个孩子在这里治疗，但孩子们需要生活费和护理费，而且全国有更多的孩子处在被遗忘的角落，他们没有信息、没有渠道、没有场所被照看疗愈……

于是，我感召《财富之道》全班同学每人每月捐款给他们，也希望有更多的好心人来帮助他们。

晨，思瑶于西安

Chapter 3
爱即是答案

像婴儿一样表达

我们内心的小孩 2012年8月14日

每个人的心里都住着一个小孩,无论是20岁的年轻人还是80岁的老人。这个小孩的所有行为都源自本能反应,所以,不要用成人的眼光审视他。当一个人遭遇心理或生理上的挫折和痛苦时,他内心的"小孩"就会跑出来活动。

我这次生病失声,就做出了许多怪怪的、孩子气的举动。比如昨晚,我竟莫名其妙地给导师发短信,第一次像个孩子般向他撒娇,可怜巴巴地说:"生病了,难受。"接着"哇哇"

哭了起来，最后要求再见导师时要先亲我左边，再亲右边（之前是先亲右边），拥抱的时间要更长。

这些行为，在成人理性的眼光里，就是不懂事、无聊。可事实的真相是，我们的潜意识里充斥了太多的杂念，内心的孩童试图引领我们回归本真。

今晨，我可以发声说话了，导师给我放假，让我休养一个月。谁也无法拒绝一个小孩子"可怜的"小心愿——最好再瞪着水汪汪的小眼睛，咬着大拇指，掉滴小口水，抬头望她，乖乖地开始诉说……

亲们，从今天开始，活出我们内在的小孩！

今夜撒娇吧　　　　　　　　　2015年2月18日

这个时段，想必大家都在看春晚。我是笑得前仰后合地看完了《撒娇女人最好命》。

"传说八十老太一撒娇，十二岁小男孩也晕倒……"哈哈！每场公益行，我都会调侃全场成百上千个女人集体向在场的几百个男人撒娇，场面之壮观，于中国记忆库搜索一遍也是前无

Chapter 3
爱即是答案

古人的！关键不是撒娇，而是成百上千个女人的形形色色、生生熟熟、千姿百态的撒娇声、撒娇态，令全场男人先是一脸菜色，多听一阵则是全身发麻，再坚持一会儿脸就会变朱砂红，最后齐刷刷地集体上演"猪八戒背媳妇"。

在风一般的"女汉子"流行的年代，科普撒娇知识太急迫、太必要、太有历史意义了。

《撒娇女人最好命》也可以看作一部自我成长的影片，可以让我们从迷茫的爱走向觉醒的爱，接纳自己的本色原样，也允许对方活出他（她）的真实模样，活出生命的真实美丽。

男友发出"随机抢红包"，我拆开红包：2.66元，我嘟嘴、跺脚，撒娇问他为什么不多给我点儿，男友赶紧一对一发了一个大红包给我。

今夜撒娇吧！生命多么美好，生活多么幸福！

我深深地爱着我自己，深深地发现爱——爱他，爱他们，爱你们，爱我们，爱更多更多……

天真不等于幼稚

2015年4月6日

深圳海边,碧水蓝天,艳阳高照。而此时的上海则阴雨连绵,但我依然盼归。南方已是夏日,而上海刚开始春回。

一个人的成熟和智慧,与年龄没有必然的关系。看看身边四五十岁甚至年龄更大的朋友,他们在许多方面仍是幼稚而无明的。他们内心很脆弱,把自己放在受害者的位置,或外强内弱,用强势把自己置身冲突中,实则是在逃避真实的自己。他们用一团麻绳把自己缠绕住,导致了自己混沌的人生。他们宁愿待在原地受苦,也不愿向前迈出一步。明明内心极度慌乱、恐惧,外面还是逞强地向人们展示看上去很好、很美的样子。

一个人的天真和纯净也与年龄没有决定性的关系。天真不等于幼稚,它是从繁杂中自然脱离,从而呈现出的一种状态,如婴儿般纯净,如孩子般童真。天真是一种纯净意识的智慧,遇见它们会令人心生美好,又能在极简中领悟超然的人生智慧。

Chapter 3
爱即是答案

我的 CEO 对我说，如今我既有如公司二十多岁女孩的青葱容颜，又具有五十多岁甚至更年长的长者的深厚、丰富和睿智。

我答："感恩走过的励志岁月。"

思瑶于上海家中

狗也需要正能量　　　　　　　　2015年7月16日

有人问："我家狗狗抑郁了，如何治疗？"

我答："My God，我只医人呀！"哈哈！

我家曾养过三只狗狗，品种分别是吉娃娃、京巴和拉布拉多，一只养了16年，直到它去世，另外两只被我送人了。这样看来，关于养狗狗，我也算是有点经验的。

我对她说："我的一个朋友，每年都要给她家狗狗庆祝生日。狗狗生日那天，她会给狗狗穿上新衣服，给狗狗头上扎上小花、身上喷上香水。自从跟我修行后,她本人开始使用纯天然有机生活用品,她家狗狗也随之升级,改用纯天然用品。给狗狗庆祝生日时,她先在狗狗的腋下、脚腕和肚脐处抹上花精油,然后点上蜡烛,唱生日歌,吹蜡烛,切蛋糕。哈哈哈!"人和狗待遇一样哈!

玩笑过后,我认真告诉她,她家狗狗如果能像下面这样生活三个月,肯定不会再抑郁了:首先,你家的气氛要转为正能量的,不要沉迷于韩剧、穿越剧,一天到晚跟着剧中的女主角哭哭啼啼。狗狗没你坚强,长期生活在负能量聚集的环境中,肯定会早你一步抑郁。其次,家里要多放欢快、优美或舒缓的音乐,你也多做正能量的运动,跳跳舞、唱唱歌,看看喜剧。保持家中清洁、整洁、明亮、和谐。再次,多跟狗狗说说话,多陪陪它,经常爱抚和亲吻它,和它一起做游戏,给它自由,任它表达、表现。最后,狗狗喜欢大自然,早晚多遛遛它,周末多带它出去郊游,带它一起去爬山,多在湖边、树林这些环境优美的地方遛弯,任由它撒欢、奔跑……

狗也需要正能量,哈哈哈!处于200帕以下层级的负能量

Chapter 3
爱即是答案

狗狗们，运动、运动、再运动，奔跑、奔路、再奔跑，哈气、哈气、再哈气，身体上的负面情绪便会燃烧、转化掉，抖擞精神，欢快、欢快，再欢快……

啦啦啦啦，自由自在的欢乐！

Chapter 4
成熟比成功更重要

财富不等于金钱,它由我们所拥有的金钱、健康、道德、知识、能力、情感、关系、付出和贡献等多个指数组成。我们应该转化挣钱的理念,这一转变过程定会有领悟、成长和觉醒,进而从无明的抓取、索取、抢取、控制金钱扬升到创造财富。

Chapter 4
成熟比成功更重要

商业竞争的最高境界

去发现真相　　　　　　　　　　2012年10月30日

竞争对手在我公司展位附近贴满了广告。这让我的员工很生气，打算向组委会投诉；而我则从中看到了对方此行动后面隐藏的不自信与恐惧。

又过了一天，竞争对手到我客户的展位去套关系销售并诽谤我公司。公司员工又急了，我的内心却升起莫名的慈悲与爱："送杯茶过去，说多了话又渴又累的。"员工惊呼："老大！你脑子坏掉了吗？"我的内心却如明镜一般：竞争对手的内心渴求被关注。他们认为只有赢才会安全，只有被关注才会成功，只有成功才能得到爱和尊重。他们害怕自己消失，为此，他们一直在挣扎，他们的内心很苦！我们采取的任何回击动作，都只会刺激对方做出更过激、更荒唐的举动，我们也会受到更大的伤害！不动，看到就好！由外转内，完善我们工作和服务，汇聚更多、更大的正能量！

　　展会结束那天，组委会宣布了一个消息，取消了我的两个竞争对手的代理资格，只与我和中国政府代表方合作！

　　你只需要从每件到来的事情中发现真相，慈悲和爱自会升起。

放权　　2012年12月14日

　　我决定放权，把公司的经营管理权交出来，这已经是我第三次做出这样的决定。

　　第一次，我把展览公司交由罗敏经营。她操盘期间，公司平稳发展，在全国同行业中排名前二。但婚后，她不再出来工作，无奈之下，我把公司交给1987年出生的园园——一个外表普

Chapter 4
成熟比成功更重要

通的安徽小姑娘。经过园园一年半的操盘运作，竟把展览公司做到了亚洲第一。

放权给团队成员，对员工来说，是一种激励；而于我，则意味着迎来一段新的旅程。

小聪明与大智慧　　　　　　　　2013年5月24日

好友打电话给我："你知道吗？你的竞争对手竟然公关到我这里了。"我则漠不关心："哦！"女友更急了！

如果你的客户被别人轻易拉走，那说明他根本就不是你要结缘的客户；友人被别人拉走，那是你们的缘尽了。来来去去皆是能量的流动，如如不动中，我静看潮起潮落、云卷云舒。

客户维护是公司销售人员的工作，我不越位，但须检视。"生命即是关系！"但并不意味着我们要每天去拉关系。只要自己足够优秀，自会吸引他人会聚到我们周围，也会有铁杆粉丝支持！所以，我们只需修炼自己，而非改变、征服别人。

竞争对手的做法，是他们内在匮乏的外在表现，说明他们仍处于"我要"的阶段。而我俱足，已达到"我给"的境界，无论外面发生什么，我只需与自己在一起，聆听自己内在的声音即可。

内在诚实（二）   2013年9月23日

理性会反应：你的脾气不好，你不尊重我，我不能接受这个方式，我不允许这种待遇，你应该改变沟通的方式。并且我是有道理和原因的，你这样说我是不对的。

为什么理性会如此反应？一则无明，所以看不到；二则太痛，不愿意看；三则没有力量去面对。所以，理性启动自我保护模式，进入对抗或防守的程序。

灵性的人看到、感受到：此刻，真丢面子，我受不了，我很抗拒和愤怒这种方式，想逃离这个场景。因为，这让我自卑，让我感觉羞辱，我害怕被大家耻笑，我失去了良好的形象和威信。失去这些让我感到很恐惧，怕自己不优秀，怕自己不成功。我需要得到肯定，需要被支持，我才能有一些力量。

为什么我没有力量？在我最弱小的幼年和童年，只能依赖依靠父母活下去，所以我只能服从、听话、乖巧、讨好。每当

Chapter 4
成熟比成功更重要

我想去表达、去做我喜欢的，但这个是父母认为不好的、不可以的时，他们就约束我、教育我，他们的不认可令我失落，我也很无助，我压抑着脾气，尝试反抗但无效，因为父母比我强大。而我按他们要求去做我不擅长和不喜欢的，当我做不好时，他们也会感到失望和生气。这又让我感到很愧疚，备受打击。我害怕这种环境、这种氛围、这个情景。

在我长大的岁月中，还有许多人这样对待我，还有许多事如此发生着。

我的内在有这部分缺失，需要被喂养，需要被慰藉，我很害怕展现出弱势、不完美的这部分，看到这个真面目，我便仿佛回到原始点的惊吓场景中，习惯性地呆滞、卡住、瘫软、拖延、困顿下来。我无法坦然和从容，无法快速去调整和改变。我没有及时的转化能力！

我害怕变化，害怕打破旧有的框架、模式。

所以，请在我的模式里对待我，以我的标准配合我，所有一切在我的程序中运行、工作、生活。这样我才会感到安全，才会顺利和开心。

绽放心灵

有能量的歌　　　　　　　　　　2013 年 10 月 10 日

抵达昆明，明日开课《灵性财富》。在机场等友人来接我，不经意间我发现一块指示牌上标注着"祈祷室"。嘻嘻，好欢喜。党和政府好体贴温馨哦！

之后赴美国参加展会。即使远在国外，我也不得清闲。不时收到短信、微信，询问我课堂中用的《我爱你中国》和《唱支山歌给党听》是在哪里下载的、谁唱的。我回复："网上随便下呗！"收到回复："你选的这两首歌很有能量。"

据说我开创了先河——第一个把国歌、党歌代替咒音、佛音、能量音乐，在课程中用于学员疗愈、净化的身心灵老师。小姑娘老自豪开心了！

接着我听说很多灵性老师的课上已经开始放这些歌了。

思瑶于美国

智者的生活　　　　　　　　　　2014 年 9 月 22 日

生命里的多种纠缠，最终可以归结为这两种：第一种，胎

Chapter 4
成熟比成功更重要

儿与母亲因脐带相连,在母亲的肚子里纠缠一段时间;第二种,自己捆绑自己,对许多事情的看法偏执无明,于是生活在折磨中。

一个开心的婴儿,会让身边的人感到开心;一个开悟的圣者回归于婴儿状态,就会充满喜悦,也会让身边的每一个人感受到喜悦。

你的能量场决定了你每天遇见什么样的人和事。当你生气或悲伤时,生气或悲伤的震波和能量会一直围绕着你……当你处于这些负面的低能量时,相应的事件就会在你的周围发生。

与几个世纪前的人类相比,我们今天要做的事情非常多。事情多、时间少、能量低,我们感受到了压力。要想去除这些压力,我们需要增加整个身心灵,能量需要通过瑜伽、调息法和静坐获得。一段时间后,你会惊讶地发现,生活多了很多时间。

当你拥有了能量和时间,你就可以承担现实世界中的责任,你的需求就会被满足。这是智者的生活!

智者懂得时间管理,有足够的能量处理身边的事务,减少内心的压力。

思瑶于上海

成功的本质   2014 年 12 月 1 日

课程第二天，一位小财女让大家啼笑皆非、哭笑不得。她的意识状态让我们感到很无奈，甚至有学员提议放弃她。

我告诉学员们："我们天天谈接纳和臣服，现在实战实修的机会就在眼前。接纳的含义之一就是'我不会抛弃你'，眼前的这个小财女正需要我们的耐心、爱心和慈悲心。"

学员听罢，安住下来开始帮助她。我又接着说："我们总以为自己在拯救、救赎他人，但事实是，我们是经由他人看到我们自己的冷漠、嫌弃、功利……从而成长了我们自己。"

所以，感恩来到我们生命中的那些"丑陋"的人和事吧，是它们带领我们从内在的黑暗走向光明！

亲爱的，财富是个综合指标，它由你的金钱、关系、健康、情绪和对这个世界的贡献等多个指数共同组成。

几千年来，我们的眼睛只停留在金钱指数上，为它欢喜为它悲伤，为它辛苦为它战斗，不累吗？停下来，换一个新的活法，专注自己意识层面的提升，只有当你的意识得到提升，我们的

Chapter 4
成熟比成功更重要

生命才能进入真正的繁荣!

思瑶于北京机场

互补的两种价值观　　　　　2015年1月9日

今夜狂欢!

中午,结束了七天的"财富之道"课程,送别全体学员,公司全体成员从东莞回到深圳。

内部聚餐结束后,这支平均年龄二十几岁的年轻团队欢呼着去K歌。

许多年不逛夜店,K场早已被我屏蔽为低能量之地。

台上为师,台下做回自己。置身红尘,落地生活!

从接手深圳公司那天起,我就下定决心要在管理上破除革新、心理上融入团队。

不要试图去控制员工,智慧的灵性管理是先去经验员工,想员工之所想,每个员工都将会被深深感动,并被生之价值与荣耀充满。当每个员工的自我修正功能开启时,自我管理就自动发生了。

狂欢之夜，我们的员工时而唱起："我的王妃，我要霸占你的美。"时而说着夏威夷疗愈语："对不起！请原谅！谢谢你！我爱你！"

两种文化，两种价值观，完美相融。

相对立的两种价值观是互补的。

思瑶于深圳国贸

意识竞争   2015年2月7日

未来企业与企业之间的竞争关系，将转化为灵魂与灵魂间彼此滋养的相生关系。未来企业更需要精神领袖，领袖的意识高度决定了企业未来的位置与高度！

思瑶于临沂

Chapter 4
成熟比成功更重要

我愿成为那盏引路的小灯　　　　　2015年2月22日

大年初五这天,上海的风俗是迎财神。

谢谢财神爷爷来看我,谢谢自我降生以来,您的陪伴和帮助,谢谢您提供给我肉体生存下去的必备的金钱支撑!支持我不断地学习,支持我游走世界,丰富了我的人生阅历,增长了我的见识,让我明白怎样好好做人、幸福生活!

从2013年开始我就一直向大家强调,财富不等于金钱,财富是一个综合指数。它由我们所拥有的金钱、健康、道德、知识、能力、情感、关系、付出和贡献等多个指数共同组成。

明白了财富的真正内涵,我们就应该由原来的凭借投机取巧牟利,转为脚踏实地、本本分分地挣钱,这一转变过程定会有领悟、成长和觉醒,进而从无明的抓取、索取、抢取、控制金钱,扬升到创造财富。

从无明走向光明,从存活走向生活,从觉醒走向开悟!我愿意成为那盏引路的小灯,成为那个指路的手指,也愿意成为榜样,鼓舞人们产生信心和力量!

思瑶于上海家中

内在转化,外在转变

初记于 2015 年 7 月 15 日,改于 2016 年 1 月 28 日

用理性和灵性去看世界,是处于两个不同的意识层级。用理性看到的是物质层和信息层,用灵性看到的是能量层和意识层。

理性看到表相、对错、应该不应该……有思考、有分析、有研究,是针对外在的世界。灵性有沉思更有反思,有更深层次的领悟,首先看到对错后面的伤痛和缺失、无力和无助,以及感觉、感受、感知、感应,然后看到表相后的根源,最终发现真相……然后疗愈修复,净化转化,扬升成长。灵性是在探索你内在的世界和向上的世界。

例如,当我受到批评和责骂时,理性的反应是"我受不了"。

为什么会受不了?一则无明,我看不到;二则太痛,我不愿意看;三则我没有力量去面对。所以,自我保护模式启动,进行对抗或防守。我认为自己不被尊重,希望对方改变批评的方式,最好可以无条件地爱我和支持我。我需要被慰藉,我的内在有缺失,需要被喂养,所以,请以我的标准对待我,在我的模式里对待我,在我的模式里运行、工作和生活,这样我才会感到安全,我才会感到开心!

Chapter 4
成熟比成功更重要

灵性的反应是：丢了面子，我受不了，这让我产生自卑，也产生幻觉——大家在笑话我，我失去了良好形象和权威。失去这些，我感到很恐惧，恐惧自己不再是个人物，恐惧自己不会成功……我为什么需要得到大家的肯定呢？因为我想要被爱。为什么想要被爱？因为我害怕孤独，害怕一个人。为什么害怕一个人？因为没有别人时，我不能向外找原因了，我如困兽，我只能看到自己的不完美、看到自己的真面目。

然后我们可以做内在清理和疗愈，内在净化带来意识的进化。

一觉醒来，睁眼看世界，突然发现天清地明，然后心生喜悦。

所以，思瑶说："内在转化，外在转变。"

思瑶于上海家中

彼此祝福就好　　　　　　　　2015年7月23日

总管上海和深圳公司的总经理、公益行统筹、我的生活助理等多个职位全部招聘到满意的人，这让我感到开心、轻松！

绽放心灵

有些企业家和管理者之所以会很在意或不适应员工的变动和更换，是因为他们的眼睛只看到了人，而没有看到人背后的能量运作。

缘来缘去，是经由人的表现，然而，是谁在指挥、指引人呢？一切皆是能量的流动和调配。只要一个企业领袖的意识是持续在扬升和进步的，这家企业的意识也必将随之扬升和进步，在这个向上的过程中，不适应、不匹配、不愿成长的人自然会离开或被淘汰。扬升有时也伴随破除式的革新或毁灭式的创造而来，不用害怕、担忧或自责，只要你的意识处于上升中，这些发生就是安全的、和平的、吉祥的……反之，如果你的意识并没有成长，就要反省、反思，然后调整、成长！

缘来缘去，人来人往，彼此祝福就好。

体验内在的进步　　　　　　　　2015年8月27日

真正的成功是体验内在的进步。

通常，成功的定义与可见的成功有关，如获得的利益或提升的地位，有时也被定义为一种没有任何差错的理想状态。

Chapter 4
成熟比成功更重要

但事实往往是,我们努力工作了,却没有得到应有的成果,然后,我们就把这个定义为不成功。

其实,相对于积累财富或成功的其他外在表现形式,体验我们内心的成功更为重要。每当致力提升自我时,我就会欢欣鼓舞。不必看我是否取得了外在的成功,也不必在乎别人的眼光,因为我会知道,自己已经取得了真正的进步。

财富之源在哪里　　　　　2015年12月20日

当我们在外部世界的旅程中走下坡路时,请叫"停"自己,转向内在的旅程;当我们看到内在"真实的自己"时,请再次叫"停",停止向内的疗愈,再次转向外部世界的向上的旅程。只有我们愿意活出美德的时候,才是终极的疗愈,才是在真正意义上开始寻回原本的自己。

真实的自己,是我们现在所在所是的地方,原本的自己是我们终将回到的、出发的地方,勿忘初心!

从生命的受害者转变为生命的担当者,需要我们减少无效的行动,节省出更多宝贵的时间,并拥有自己的空间,这些都将为我们的沉思内省提供条件。沉思、内省带我们抽离出事件、抽离出地球，让我们在地球之外观察地球上发生的一切。

这时，宇宙之光照耀着遨游在太空的我们，我们下载智慧，然后我们再次着陆，带着宇宙的祝福和能量，创造我们想要的生活和我们想要的地球！

财富之源在我们出发的地方！

实现道德经济　　　　　　　　　　　2015年12月26日

今天上午讲《灵性领导力》课程，课程在纪念伟大领袖毛主席诞辰122周年的仪式中拉开。关注产品，研究物质；关注服务，洞察人性；关注体验，探究灵性；关注道德，融合灵魂。

共产主义展望了人类将进入道德经济的美好未来，今天在《灵性领导力》的课堂上，我们论述了"如何实现道德经济"，我们总结出更加清晰的步骤和方法，我们是先驱、是勇士。我们活出灵魂的顶天立地，是先行的道德商人，我们必将活出榜样的力量，成为指引的楷模！

Chapter 4
成熟比成功更重要

如何面对谣言 2015 年 12 月 28 日

谣言止于智者,谣言也令我们发现奥秘。面对谣言时,注意力不要放在造谣者和谣言上,而要去发现这一发生要提示我们什么。

我们受到伤害时,会感到羞愧、紧张、痛苦和愤怒,他人亦然。既然如此,从我做起,去创造一个充满正能量的环境,温暖更多的灵魂。

智者开悟——对与错、真与假只是虚妄和梦幻,即使生活在纷扰迷乱的尘世中,我们依然要勇于千锤百炼,坚持为活出灵魂的美德而奔跑,这才是人间正道。

向着美德奔跑 2015 年 12 月 29 日

非常灵!非常——灵!非——常灵!

我问男友他对我的第一印象,他答:"仙女。"一年后我再问男友对我的感觉,他答:"好人、爱人、仙人。"

我们深圳公司的销售总监欣儿形容自己这两年的成长是从

"妖"到"人"的过程,目前又进入"人"升"仙"的修炼过程。哈哈!

我们都比过去成长、成熟了,那就继续、持续蜕变吧!

我们的"锅"更大了,我们"锅"里有了,我们学会了等待,我们学习着包容,我们可以给予了……我们愿意向着美德奔跑,活出闪着光耀的灵魂。

记得有一个月,销售员黎黎一个学员也没有招到。我抱住她说:"我们依然喜欢你,不会扔下你!"销售总监欣儿则马上把一个新学员的咨询电话交给黎黎。我们既严格要求,也奉行共产主义——我们铁定让弱小者优先成长,强大者也自愿"高收入、高交税"般把机会和财富与大家一起分享!

公司最困难的时候,我从展览公司借了50万元帮培训公司进行资金周转,我不领一分钱投入企业发展。当有一次离开课只有两天了,而我们只有5名学员时,我告诉员工,哪怕只有一名学员,我也会勇敢面对,正常开讲,我的铁杆粉丝销售们抱在一起,义无反顾、不离不弃,在开课前一天创造奇迹:冲刺到25个学员。

Chapter 4
成熟比成功更重要

问题的背后皆是礼物！问题的背后是能量的运作：当你足够坦然、足够豁达、足够勇敢、足够随顺、足够专注于体验的过程中、足够享受当下、足够感恩和欢喜时，一切皆有可能，甚至可以轻而易举地心想事成！

所以，我们的学员上升到40人、69人，2016年1月8日至10日的商业课程报名学员已冲破百人大关，今天109人！

我们不完美，但我们在天天向上的路上！

我们要做慈善，我们还要做商业！我们保持精神与物质的平衡！

我们有欲望，我们要生存下去并努力让自己过好！

我们的价值取向——独善其身抑或兼济天下！

我们有抱负——为生命的广阔、为意识的扬升、为灵魂的回归！

我们在路上，经由一次次入世的历练，极小极大，太极无极！

2015年9月21日至12月29日这三个多月，我如是走来！

思瑶于深圳

生命本是奇迹

生命本是奇迹　　　　　　　　　　2013年1月17日

我从小喜欢吃各种"翅膀"——鸡翅、鸭翅、鹅翅。姥姥笑着说，我长大后会到处飞。后来，姥姥的说笑竟变成现实，从19岁开始，我便在世界各地飞……

本是言情小资女，机缘巧合成商人，历经三十一国文化苦旅，在我经济富足之时又懵懵懂懂成了老师，居然还混入灵性界。啼笑皆非一段段奇遇后，我变得柔情似水、宁静悠然，生命中悲喜痛愤的每一个发生，对于现在的我来说皆是奇迹。

Chapter 4
成熟比成功更重要

  人们往往会以自己的标准去定义奇迹，并祈祷自己想要的奇迹发生，却往往意识不到生命本身就是奇迹。当我们意识到这一点，面对来自外在世界的干扰、冲突和对抗时，我们便不会感到苦闷，也没有狂喜，唯有深深的宁静……

思瑶于汉口

勇敢的心　　　　　　　　　　2013年3月11日

  很久之前发生于苏格兰的一个故事在我幼小的心灵中种下一颗种子。

  渐渐地，我长大了。我成了开拓者，开路时饱尝非议、批判、陷害和阻碍，困难重重，一路艰难。每一次无助，每一个绝境，我心中的那颗种子都和我说话，让我一次次坚强地成长！

  每一个转身，我都能看到站在我身后、深深地爱着我的人们。他们的眼中满是爱的祝福和支持，再回身，勇敢前行！

  当我成功引领更多的人走上这条道路，我欢欣鼓舞：我在活出生命！

勇敢的心，带我回家！

机会缘于准备　　　　　　　　　　2013年4月25日

小时候听说香港的大街上有许多星探，于是，少女时代的我几次去香港时，都要抓住一切机会在大街上晃悠，却始终未曾有缘被发现成为明星！

长大后，我做了两家小企业，日子分外小资。后来，稀里糊涂走上培训之路，更神奇的是竟成了一位导师。本以为这只是巧合，然而事实证明，灵性导师是我的天赋才华！有句名言说得好："是金子总会发光的！"在我即将步入而立之年时，我的事业、爱情都翩然而至，真是的"好酒不怕巷子深"吗？

回首"孤灯白发任蹉跎"的那些岁月，我终于明白：只要准备好了，就值得拥有！

扩张之战　　　　　　　　　　　　2013年4月26日

今天，我给一线员工开会，鼓励这些正在成长中的青年。

Chapter 4
成熟比成功更重要

持续你的生命回顾，持续你工作流程的回顾！在这个过程中，成长将自动发生……

国家与国家之间，是各自领袖之间的意识碰撞；企业与企业之间，是各自领军人物之间的意识碰撞；信仰与信仰之间，是各自灵魂人物的意识碰撞。

一个企业和团队的文化实力决定了各自的成败！国家之间不仅仅是经济、军事等硬实力的竞争，还包括文化软实力的竞争；现代企业的竞争，归根到底是企业文化的竞争。

无论是国家还是企业，谁在意识高度和文化建设中领先，谁就能胜出！

活出独一无二的自己   2013年5月30日

无论个人或团体，东施效颦的模式已与这个时代不相匹配。要想成功，你必须活出独一无二的自己！

奏响生命的奇迹之音

原稿写于 2013 年 10 月 10 日，改于 2016 年 1 月 29 日

生命是个奇迹，活着是为了欢庆！

今晚，展览公司的两位合伙人约我吃饭，沟通公司经营相关事宜。

其中一位合伙人告诉我，今年公司的经营特别顺利，一路奇迹不断。每每她想什么就会来什么；每当遇到问题难以解决时，帮忙解决的人和事物就会自动出现。她说，她已经无法用语言来描述这个状态，她活在一股强大的运势或者可以称为能量带一样的流动中，又好似运行于一个已设定好的程序中。

另一位合伙人则对我说："工作、生活问题一大堆，但我不受干扰，每天都喜悦地面对，如鱼儿一样灵活自如地游走于工作和生活之间。"

我退出公司的经营管理由她俩接手，同时她俩也跟随我学习灵性。现在，她们面对客户、竞争对手充满笃定，内心充满了无穷力量。在四五十岁的成功人士面前，她们能感觉到对方

Chapter 4
成熟比成功更重要

心灵的脆弱和恐惧,能感受到对方内心的无力。她们的心在绽放、扩展和升华。

当我们与自己的灵魂相遇,便能读懂"生命是一个奇迹"的含义,便能活在"生命是一场欢庆"中!

未来企业的发展途径,一定是灵性商业的探索之路。我们需要能让更多灵魂绽放、共同来创造充满奇迹的、领导灵魂新世界的力量——灵性领导力。

企业领袖需要具备灵性智慧,一个灵性领导力的时代已经来临!

思瑶原稿写于上海,修改稿于马来西亚沙巴

先知后觉　　　　　　　　　　2014年11月14日

一觉醒来,看看表,差两分七点,我开始享受深圳的清晨。

我在适应这个城市。对我来说,它是比较陌生的。我将在这个城市定居,无意识中隐约萦绕着一丝不习惯。等到不再喧嚣忙碌的时候,我能淡淡地感知到这份不习惯。

为什么来到这里?

为情？否也。为钱？否也，已进安居乐业之年。为理想？否也，身处何地都不会影响我的事业。

那是什么？我随缘来到了这里——也许有一群人要在这里集结、会合……成就更大的伟业。

"让爱循环·祝福中国"大型公益活动历时两年，历经几十个城市72场奉爱，帮助近6万人成长，启发人们重新思考事业、家庭、关系、情感、健康、生命、宇宙，探索本我，提升生命的质量，促进意识扬升。

深圳，一个远离政治和不受千年文化、文明、知识约束的城市。它青春活力、接纳包容、破除革新、无惧无悔、大创造大建设……这些正是我的天性品质，而这片土壤也将是滋养我的最好选择！

思瑶于深圳

Chapter 4
成熟比成功更重要

莫让年华付水流   2013年11月14日

这一年我没有浪费一天,我活得问心无愧、无怨无悔。我值得配上这份幸福,我活出了青春、财富、健康、关系、名声、成功、成就、贡献、自在、圆满!

思瑶于遵义

活出思瑶   2014年11月14日

千万里,我追寻着你,我找到了觉悟的子宫,我奔入瑶池,畅快、淋漓、尽致地洗礼,我懂得了奉爱,也开启了奉爱。带着渴望默默地来,怀着感恩静静离开。

挥别风雨兼程,顶礼叩恩、挥别众多先知先觉者,我成为了思瑶。

我是乔木、是蓝天、是大海,我是你,我才是我。我勇往向前。

请深深地祝福我吧!我的宇宙,我的天空,我的大海,我的大地,我的森林,我的天地万物;请祝福我吧!我的父母,我的恩人,我的恩师,我的亲人友人,我的战友伙伴!

  活出思瑶的活法!

              思瑶于深圳

致青春   2014 年 11 月 29 日

  致青春,致在我生命最低谷陪我一起走过的死党!

  两年未见,今天她到开课的宾馆看我,小聚,重忆!

  致青春,那些"孤灯白发任蹉跎"的岁月;致青春,那些在50℃高温下身着长衣长裤修炼的日子;致青春,走过三十多个国家、365里长路的那些探索与寻找;致青春,365天天天工作、天天讲课的日子。

  而今,终于圆满回家!是时候停下来恋爱、结婚、生子了。

时间都去哪儿了   2015 年 2 月 13 日

  车中收音机里飘出略带忧伤和感慨的歌声:"时间都去哪

Chapter 4
成熟比成功更重要

儿了,还没好好感受年轻就老了……"

很多年前,我曾三天三夜一个人独自行驶 1700 公里;曾经从拉斯维加斯出发,穿过空无一人的沙漠公路,最终到达克罗拉多大峡谷。一年又一年,我的心如苍穹下绝望的长路漫漫,悲壮、沉寂……

记得哈佛大学一位心理学教授曾做过这样一个实验:把时间调回 1954 年,场景也布置为 1954 年的样子,然后通知一批已经七八十岁的老人来到这里。老人们或被儿女们搀扶或拄着拐杖陆续到达场地,但是进入 1954 年的生活时,老人们必须要自理,如同他们在 1954 年时候的样子。然而 7 天后的结果令人惊讶不已,老人们都成为 1954 年青春活力的自己,没有了搀扶,没有了拐杖,自己做饭、娱乐,在午后的阳光中聚在草坪喝着啤酒、咖啡……

是你自己设定了自己,是你自己制约了自己,是你自己放弃了自己,是你自己毁灭了自己……

7 年后的我被视为"女神",不是说我能飞上云端、呼风唤雨,或者拥有怎样的法力——我对被神化没有热诚——我只是回归鲜活的生命,回到灿烂之光中,回到真实的自己……

在这里，没有了时间，只有生命最舒服的样子！

思瑶在上海家中

创新，还是原地踏步　　　　2015 年 2 月 17 日

有业内人士说我违反了规定和警言；有的还骂"我鄙视你"；还有自认道行较深的人物，义愤填膺地掺杂着忌妒责怪我"出风头，挡了大家的财路"……

我深深感受到这些袭来的情绪背后的生命的恐惧、悲伤、无助、挣扎和绝望。刚开始我还偶尔做出回击。后来，我发现这种较量不过是在浪费生命。于是，此后，我不再做任何的解释和回应。

我体验着这些情绪掀起的浪潮，在它们的共鸣中觉知着我自己，并开始进行自我解剖、缝合疗愈、扬升净化，一次次重组、重塑、更新着我自己。

我在外在世界中继续打破传统、教规、警告、限制、危险、制约……专注在勇敢地毁灭与破除中，穿越黑暗与迷雾，我活

Chapter 4
成熟比成功更重要

出了属于我的真理,我体验了属于我的世界……

我义无返顾、坚定从容地继续走在属于我的路上……

思瑶于上海

成熟季　　　　　　　　　　　　2015年2月24日

善良的同学说我成熟,个别忍无可忍的同学则直接说我老了,看来大家留恋的是那个清纯、俏皮、幽默的机灵小女生,我知性、成熟,一切尽在掌握之中的职场范儿,大家不习惯哈!

无论是幽默的机灵小女生,还是一切尽在掌握之中的职场女强人,都是我,还有更多你们未曾见到的我,这许多构成真实的、完整的我。

我亦少亦老、亦熟亦稚、亦雅亦俗、亦柔亦刚、亦怒亦和、亦动亦静,亦喜亦悲……

思瑶于上海

扫一屋与扫天下

2015年8月23日

"拴住男人的胃就拴住了男人的心。"这句话不是我说的,但如同喜欢跳舞、唱歌和看电影一样,作为生活的调剂,为了放松心情,也是出于对美食的爱好,我也会偶尔体验一番下厨的感觉。

当然,我必须申明:我不是吃货,也有条件饭来张口,而且幸运地遇到了精神追求超过物质需求的恋人——男友颇有"怜香惜玉"之情,他总是说:"女人需要精养!"即便偶尔做一次家务,他还怕我累着。

但,我喜欢将一切整理得井井有条。我特别喜欢收拾房间,做厨务外的家务。我能安住下来,静心做这一切。

我想,一个能收拾好家的女人,一定是爱干净和有条理的。一个能料理好家居和家族的女人,也一定能在企业里胜任办公室主任和HR!哈哈!

Chapter 4
成熟比成功更重要

走起，再青春！   2015年9月5日

3号从深圳飞回成都，再辗转回家。陪伴父母几日，给母亲做了全身按摩，和父亲智慧神会。抽空看了两部青春剧《左耳》和《致青春》。16岁那年开始了与父母分居两地的生活，至今仍未停歇。我的青春岁月更多的是存在于我与学校、我与社会、我与自然、我与异国的关系中：遇见——体验——领悟——走过……

在我的真理里，青春可以随时再来，不用嗟叹已逝！用5年重返青春，我创造了自己的童话人生。姑娘我，清清嗓，挺挺胸，直直腰，甩甩发，再次设定"青春25"，走起，再青春！

绽放心灵

思瑶思路

一、灵性企业不等于企业灵性；灵性商人不等于商人灵性；灵性老师不等于老师灵性。

努力成为一个有灵性的老师、一个有灵性的商人，创造一个有灵性的企业。

二、未来经济是开悟的经济，即道德经济。

三、未来的商业是美德的商业，属于活出灵魂美德的商人。

四、关注产品的商业阶段，是在研究物质的意识；关注服务的商业阶段，是为洞察人性的意识；关注体验的商业阶段，则进入了灵性的意识；关注道德的商业阶段，则融进了灵魂的意识。

Chapter 4
成熟比成功更重要

五、接纳和允许只是心灵的刚刚苏醒,它不是终点,更不是全部。

直到有一天,你会更深入地了悟:我们要接纳、允许外在世界的如是,就必须破除、毁灭、革新自己内在世界的如实。

尔后你进入内在的优化阶段,心灵之花才会冉冉绽放。

所以,觉醒只是开始,未曾经历毁灭的喜悦是伪喜悦,它是一个伪系统。

唯有活出了灵魂美德后的喜悦才是恒定的喜悦,它叫极乐。

六、谣言止于智者,谣言也令我们发现奥秘。面对谣言时,注意力不要放在造谣者和谣言上,而要去发现这一发生要提示我们什么。

我们受到伤害时,会感到羞愧、紧张、痛苦和愤怒,他人亦然。既然如此,从我做起,去创造一个充满正能量的环境,温暖更多的灵魂。

七、我们是宇宙中的极小,我们也是宇宙中的极大。我们是极小的一点,我们也是最极大的无限。我们即是无极。

八、财富之源在我们出发的地方。

九、对与错、真与假只是虚妄和梦幻，在纷扰迷乱的红尘中，我们仍能不忘初心，为活出灵魂美德而奔跑，才是人间正道！

十、问题的背后皆是礼物。

问题的背后是能量的运作。当你足够坦然、足够豁达、足够勇气、足够随顺、足够专注地体验过程，足够享受当下，足够感恩和欢喜时，一切皆有可能，便会轻而易举地心想事成。

Chapter 4
成熟比成功更重要

财富课学员心得

种善因，结善果

亲爱的家人们，早上好！

深深感恩大爱无私的思瑶老师，用自己绽放的生命，给我们以启迪和方向。我感叹这是一个多么鲜活、生动、美丽的生命，她那小巧的身子里蕴含了无穷的智慧和巨大能量，这是我们要的样子。无数次在梦里、脑子里、心里勾画出未来自己的样子——能带给别人爱、光和无穷正能量的样子。

"生命是用来体验和经验的，不是用来思考和分析的。"

这是多好的一句话啊！当我们有了勇气和力量，可以勇敢地做最好的自己时，一切已经在改变；当我们种下无数善因时，善果也在未来微笑。我们的家庭会因为我们变得和谐快乐；我们的社会也会因为我们变得更加强大。

我们会笑着离开。感恩我的觉醒，感谢超强能量，感恩所有有缘到这里来的家人又给了我一次服务的机会。我爱你们！

心中有佛，所见皆佛

思瑶，我之前见谁都有火——对保姆发完火后对着老公发，和老公发完火后又和美容师发火。我就纳闷了，自己的火气怎么如此旺盛？

参加完财富课后，我突然明白了：如果我认识到面对的人其实也是一个神，或者说是一个未来的佛，他只是还没开悟、还没启动爱的种子而已，自然就不忍心冲着他们发火了。

这是回来后我的感受，也是一个收获吧！

Chapter 4
成熟比成功更重要

接纳每一个人、每一份情绪

第三期财富课结束至今已一周有余，这八天的变化有如坐过山车，让人内心跌宕起伏。我从最初的喜悦、充满热情到其间的烦躁易怒，再到今天的平静如水，体验了以往八周、八月、八年也不一定能经历完的感受。

这浓缩的八天让我由衷地感恩思瑶。若不是她将智慧带到我们身边，我们怎可能将痛苦缩短？又怎可能将快乐延续？又怎可能驾驭得了自己的喜怒哀乐？又怎可能将八周、八月甚至八年的痛苦缩短至八天？

"天地不仁，以万物为刍狗。"接下来，我也许还要体验酸甜苦辣。但，我不再惧怕。我会充分觉知自己，体验每一个感受。

参加完培训课，你真的会感恩每一个生命中出现的人，即使他是你恨、你怨的人，你也要意识到他们都是生命给你最好的礼物。

是的，只要内心的支柱树立起来，你还会怕自己倒下去吗？这个支柱就是你被打倒了还不放弃的那份力量，它足以支撑你一辈子。

接纳自己的每一个情绪,经历和体验它,你真的会爱上它!

不要有分别心

学了一些成长课程,我有了区别心,总觉得自己和别人不一样,总认为别人也应该以与我们同样的方式修行。

现在明白了,我之所以如此偏执,是因为我需要证明自己是对的、是更好的,因为在潜意识里,我其实是觉得自己不够好的。

殊不知,生活本就是一场修行,别人有适合他自己的修行方式。去除分别心,这是我的一个功课。

成人方可达己

要得到真正的成功,必须让尽可能多的人从我身上获益。当我们发现一件事对自己有益,同时对他人有益时,我们就能迈向成功。如果其中有某个人成了"坏人",那么所有人也都输了。因此,迈向成功的关键便是,持续保持真诚地沟通,直

Chapter 4
成熟比成功更重要

到所有人都从中获益。

知足常乐

好爸爸影响孩子的一生！这是我上思瑶老师财富课的最大感悟。人的一生其实并不需要太多的金钱与名利，孩子、爱人是上天恩赐的最好的礼物。做个负责任的父亲、做个负责任的丈夫比赚钱更重要！爱人把青春、把未来、把生命都托付给了我们，我们哪怕再瘦弱，也要勇敢、坚强地顶着。人生一辈子，不过短暂几十年，惜福吧！与各位爸爸共勉！

苦难背后藏恩典

在红尘中修炼，最终圆满，身心合一，这样你才真正找到了家。

父母，我们要无条件地爱他们，无论他们是否爱我们，因为他们给了我们宝贵的生命。我不再有任何的要求与评判，只有无条件的接纳、爱和感恩，时刻带着感恩的心和父母相处，我和他们的心更加贴近了。

伙伴们，思瑶说："苦难背后藏着恩典。多做祈祷，拥抱苦难，那个大大的恩典就会随之而来。"现在，我终于理解了。我已趋于平静和喜悦，祝福各位早日身心合一！

爱自己，爱别人，钱也会爱你

昨晚我带领财富共修，沉思中，我看到了潜意识中限制自己的观念——挣不到钱的男人就是没用的！

仔细考量，我终于明了，这个观念源于妈妈对爸爸的方式，而命运给了我同样的主题：吸引着很享受却不会挣钱的伴侣，重复着爸爸妈妈的生活模式。

我不禁要问，为什么我要的爱情和金钱是对立的？

参加完财富课后，我明白了：对伴侣的爱，不在于对方拥有多少财富，而是如实如是地接纳他的一切，支持他跨越财富的障碍。而我自己，也不能因为有成就、有能力，就无节制地奖赏自己、爱自己。我们必须明白，另一半来到你身边，只是来成就你，让你学习怎样爱自己的。伴侣告诉我，不管我做得怎么样，甚至什么也不做，他也一样爱我。

我既震惊又感动，对前夫的抱怨和愤怒转化成了感恩，原来真相竟然是这样的，原来我是值得被无条件地爱的。我松开手爱自己，敞开胸怀接受恩赐，身边的一切变得如此容易，财富也源源不断地流进我的爱的通道。

爱自己，爱别人，钱也会爱你。祝福大家！

爱人即爱己

长久以来，我严重缺爱，已不知道那份生命的感动是何滋味，冷漠、抵触和挑剔已是心里的常客。虽然我并非刚接触灵性，但仍然没有办法把爱留在心里。

三天的培训课结束后，回家。阔别九年的初恋嚷着要见面，这一下可不得了，当年分手还真没说再见，此次相见真像穿越，我掏心底地发现自己把真爱遗落在他家，纯净的爱和纠心的遗憾让我抱着枕头痛哭了两天。

尝试静心、喜悦后，突然一个强劲澄明的念头出现——不行，我要拿回那份爱，虽然物是人非，我还是要带着那份满满的幸福感继续生活，在宇宙中找回自己的力量！

　　这念头一起，我顿时跳了起来，好有力量。这种状态持续了几天，渐渐地，又不对了，好像还是没有爱，没有一个爱我的人出现。

　　找不到切入点如何发力？于是，我毅然收拾行李，奔向重庆，开始参加思瑶老师的第二次培训。

　　课程第二天，是有关父母关系的疗愈课程。一个又瘦又小的女孩拉住我说，来，我们三个一起！我有些疑虑。她既不像我爸，也不像我妈，没感觉耶……"什么？爸爸？""我说我是宝宝！"我对着她的左耳大声说，而她竟毫无反应。天呐，上天为什么派一个有听力障碍的人来疗愈我最大的痛点？是潜意识中的我和父母实在难以沟通，还是我们确有障碍？抑或是里面存在着一些天生的无奈？那一刻，我挑剔、抱怨的心上来了，认为伙伴无法理解我，一如我面对父母的心态。

　　但既然已经三人一组了，疗愈还是要进行的。于是我依旧诉说着那些往事，依旧哭得稀里哗啦。

　　课间休息时，那个小女孩被带到老师面前，我恰好也在旁边。思瑶老师用心给她做了疗愈，如天使般轻柔地将她拉近，

Chapter 4
成熟比成功更重要

像慈母初次见到独儿般，无比心爱地看着她的眼睛。

那一刻，我感到周围只有纯爱在涓涓流动，我望着思瑶老师的眼睛，感受着她的微笑，仿佛那份爱也流向了我。

刹那间，我明白了：对待一个残障女孩，老师都有如此明媚干净的爱。那份爱来自宇宙，没有任何挑剔，没有任何分别。当然也本属于我，但我从没有这样给到过别人，甚至父母。

我终于找到答案了，爱就在那里！

亲爱的思瑶老师，感恩您！

因为曾经的苦，我"走"不动，经常独坐家中，念佛祈祷，坐着断一切恶、行一切善，不愿外出联系朋友，不愿多为工作付出，感叹着五浊恶世、悲悯着无明众生。但参加思瑶老师培训课程的第二天，我看到了那个因母亲过世太早而"走不动"的女孩，看到了她的悲恸，看到了她的怨恨，看到了她的自高，看到了她的要求和逃避，看到了她的无奈和停滞。我明白了，所有因苦而导致的生命之流的堵塞，其实我都有。

我发现，这也是自己的一种行为和心理模式，一种下意识的反应机制，一种自动自发的应急程序，它们都是落后的。其实，苦也好、乐也罢，都要走完这一生，不及格的功课还得重来。罢，罢，罢，快些走吧，把功课都好好做完吧！鼓起勇气，一切都会好起来的！

还有一个小分享：以后出来参加课程，一定要拼房！因为我们可以从室友身上学到很多，会有一个灵魂好朋友！哈哈哈哈！

第一次给王妈妈送祝福，感到一股清流从顶而下。问王妈妈有何感受，王妈妈说像清流缓缓。耶！好开心呀！

突然悟到，我给出的，其实就是接收的——我的手送出的能量不是一样回来了吗？那个能量不就是宇宙的爱吗？那么，爱别人就真的是爱自己，你我的界限会渐渐消融。难怪思瑶老师的纯爱的眼神和微笑那么感人，我能感受到她那份爱的源头。

解决了两个问题

我来自湖南，是一位风水老师，也是一个老学员了。重庆站是我第四次参加复训。以前每上一次课，都启动一波财富力，而且家庭关系有所改善。此次来重庆主要是想解决两个问题：一是解决对财富的恐惧问题；二是解决内在的不安全感。

Chapter 4
成熟比成功更重要

  这次课程中，我得到了全程的祝福，一位朋友全部接待安排了我，而且非常有机缘，他在个案中代表我的财富，让我消除了对财富的恐惧。而消除的最好方法就是拥抱、成为和体验。这是一个非常大的收获！第二个问题是消除了对未来的担扰。由于恐惧来自于想法，当下的我是不恐惧的——唯有活在当下，才能让生命绽放！

  参加完培训，我收到了一笔以前认为是不可能收到的钱。我也不断地去做慈善。此外，我去青城山问道，对"道"有了更深的感悟。同时，我对思瑶老师所说的"生命在于扩张"有了更深刻的体验。如今的我在更精进于内修，相信自己会越来越好！

放下一切，面对真实的自己

  仿佛是一场偶遇，新年前的最后一场财富嘉年华，却带给自己更深的了悟。生命在这一年里，也了跨上新的台阶。

  又见思瑶老师，看着她，看着自己，看着身边一路同行的老友。三年时光过去了，我们真的活出了不同。相聚，就是生命最好的见证。如此精彩！

从起点开始，一路走来，隔着时光，共同回顾过往，我们多了许多的理性与智慧。有共同的追问和疑惑，也有共同的感恩和祝福。

我们终于明了——到达彼岸，我们终将放下工具，上岸前行。作为一个普通人，唯有回到当下的生活中，担负起应尽的责任，方为正道。而这正道，自古就是从沧桑走向丰盛之道，它又怎么会藏在日复一日的求神拜佛之中呢？

我一直记得上师说过的话："到最后连佛陀的教义都要放下，它也只是工具，你必须不断登船上岸，继续前行，方可证悟涅槃。佛陀只是指向月亮的那手指，并不是月亮。只不过没有这手指，我们也不知道有个月亮在哪个方向。"

当你连教义都放下时，你就走在无所不在、无所不是、天下无敌的路上。

对于一个普通人来说，终极目标从来不应该只是一味地追求喜悦和圆满的极乐，而是在生活中能够拥抱真实的自己——包括自己的优缺点。

因为创伤、恐惧，我们一直在逃避。我们拒绝生命中的任

Chapter 4
成熟比成功更重要

何变化。我们不断给自己筑起一道道围栏,以为安全、个性,殊不知,终有一天,这些围栏会逼得自己无处可遁。

还要逃多久,还要藏多久?在麻木或彻骨的疼痛里,不要再期待谁来拯救你。生命,唯有面对与接受真实的自己,才能带来转化之机!

回到生活中来

回来,回到生活中来,对一切喊:"停!"

你还要伤痛多久?你还要疗愈多久?你到底要把生命带向何处?无休止层层的伤痛之后还是伤痛,何处是个尽头?

却没有人说,疗愈也会让人困在其中,成为另一种逃避;也没有人说:要学会喊"停!"

思瑶老师以她亲身的实证告诉我们:学会喊"停",学会在每个冲突、抵抗的时候喊"停"。不要再去深挖一切,不要被无休止的一层又一层的伤痛再次带离生活。

去看见冲突、抵抗背后的自己,去问自己:"怎么了?"

我们气势汹汹地冲向了他人,却从来不曾停下来看看自己,扪心自问:"怎么了?"

我们看不见抵抗、冲突背后,是自己的弱小与恐惧,是自己的逃避与无担当,我们总是指向他人、指责他人——因为那可以逃避面对同样有着不堪的自己。

我们以为自己比他人更好,却没有人告诉我们:那些所讨厌的人事,不过就是自己深深隐藏着的、不曾示人的自己的一部分。

学会说"是"

我们找了那么多的借口,不过就是因为不愿意承认自己的弱小而已。于是,我们或气势汹汹或楚楚可怜地冲向了对方。

在我们累生无始劫的轮回里,我们都曾做过国王、将军、勇士……我们也做过强盗、小偷、杀人犯……我们从来没有比他人更高尚一点儿、优越一点儿。冲过去指责,不过是为了掩盖自己而已。

不要再自欺欺人了;不要在荒芜中耗费光阴,用无数个谎言欺骗自己了。爱就是爱,恨就是恨,痛就是痛,伤就是伤,

Chapter 4
成熟比成功更重要

自私就是自私，任性就是任性，冷漠就是冷漠。

"是"，不会让我们变成更坏，只会让我们走得更脚踏实地，让自己不断地成长。

唯有"是"，才能让我们低下高傲的头，谦卑地从零出发，了彻生命的真义。因为这声"是"，让我们超越过去。因为这声"是"，让我们担负起会让自己变得更好的责任，行在当下，顶天立地。这是一份多么了不起的领悟！

让我们的生命开始焕发新的色彩，在不断扬升中顶天立地，为自己、为家族、为中国！

摆正序位

思瑶：你好！

我是泉州财富课的学员。非常感恩你这三天的分享！让我清楚地知道你这位小天使超凡脱俗的"内幕"，你是恩典与智慧的结合体。你的柔、你的刚完美融合，你对万物的尊敬给自己撑起了一把伞，你智慧的太极打得太好了！

以前老是觉得自己在修身心灵，超越他人，领导也不过如此。因为我没把领导的序位摆正，和领导处得不开心，所以一直想换工作岗位，但能力不足，都没有成功。之后就把这份怨气发泄到了老公身上——埋怨他的无能和不争气。

这样的埋怨隐藏在心里，呈现出来的是对老公的漠视和冷淡，结果招来的是老公的家庭暴力，而后我就会有极度的不安感和恐惧，我老是觉得自己是受害者。思瑶老师，上课后我才知道，这一切恶果都是我的渴求、贪婪和报复使然。

感恩思瑶老师带给我们这么好的课！希望每个人都有钱、都幸福！

超值的财富课

上完思瑶老师三天的财富课，让我感受很深、受益匪浅，这是我上过最强有力的课程！好多朋友要求分享心得，这两天我回忆、总结了一下，和大家分享一下：

一是思瑶老师的课程非常超值。三天的课程内容，抵得上别人五天的课。每天早上，我们六点半上课，而思瑶老师早就到场了。晚上十点多才结束。有一天，课程甚至上到了晚上

Chapter 4
成熟比成功更重要

十二点。这样紧凑的三天下来,收获自然非凡。

二是大量练功。三天的课程,不断地让大家练功,使大家的能量不断上升,直至进入觉醒状态。

三是循序渐进。每个环节老师都讲解得非常详细,并且按照现场的状态进行灵活调整。思瑶老师在不同城市的开课课程都不同,有教无类,举一反三,其智慧让人钦佩!

四是大量疗愈和内在链接,让每位学员都建立了内在的支柱。

通过以上方法,思瑶老师能在短短三天时间内,让同学们有效地消除负荷、净化身体,并和家人建立好关系,从而为财富之路扫清障碍,达到财富课的目的,让人人有钱!

金钱是我们自身的一部分

亲们,我分享一下今天静心感受。参加思瑶老师这个财富课之前,我对钱一直有莫名的匮乏感。今天静心时,我终于明白了钱是什么了!我们与金钱的关系,其实就是我们与自己的关系,金钱是我们自身的一部分,它是无条件的爱的一部分!显而易见,只要我们无条件地去爱,我们的收获就会无限丰盛!

Chapter 5
灵心慧语

　　生命不是用来解决问题的，而是让你从问题中看见自己、认清自己。看到是第一步，也是最后一步。看到即是解脱，看到即是自由。看到时，此岸即是彼岸。

Chapter 5
灵心慧语

给别人自由　　　　　　　　　　2012 年 8 月 13 日

8月8日,上海台风,我辗转从南京飞深圳。到达深圳后,接我的车又出故障,结果早上6点出门的我,折腾到晚上12点才得以躺下。淋雨,连续13场课,9日又撑着讲了一天,嗓子从沙哑到发不出声,这是在我生命中第二次体验失声。

经过针灸、理疗、雾化的一系列治疗,我的身体提醒我该好好调养了,我决定静语,休息疗养7天。

好心的友人把我送到庙里住。可我只想睡觉、看书、打坐……好心热情的友人把她认为最好的安排都给予了我,但我内在的抗拒和隐忍到了极致。终于在说出"不"字后,离开了她给我安排的老和尚的房间。

生病时还是要先治身体，因为我得的不是心病。嗓子过了3天还没好，我真的需要吃药消炎，或去医院治疗。我又烦又火，开始抱怨我的女友不成熟，我真不相信这儿哪个和尚能把我的嗓子治好。当真心疼我的身体，就应该给我找个好环境，让我吃好、睡好、治疗好——女友却让我来耐心听和尚们的不同见解，让我放下抗拒和固执，听取他人的意见。老天！让我在生病的时候经验痛苦，她真的和平常人不一样！

夜深了，病中的我备感脆弱和委屈，眼泪流了下来："我不喜欢这里，我要回家！我不要做钢铁般的男子，我不要在病中去经验成长，我不舒服，我要自由！"

这段经历让我意识到，当时机不成熟、别人抗拒的时候，不能一味强灌和要求，而是要满足他的需求，给别人自由！

再不疯狂就老了　　　　　　　　　　2012年9月4日

中国的一对老夫妇卖掉房子去全球旅行，成为21世纪中国"奴时代"（"房奴""车奴""孩奴"）的超级明星。

Chapter 5
灵心慧语

中国人从小到大,受到的一直是理性得不能再理性、现实得不能再现实的教育,中庸之道用在中国人生活中,就是凡事都要有个"度",在这个"度"中度过一生。因为父母反对,你违心地放弃了你爱的人;因为工作太忙,你放弃了自己休息和陪家人度假的时间;因为别人买了房子,你也赔上30年,省吃、省穿去供贷款;因为薪水优厚,你在自己根本不喜欢的工作中耗费一生。

虽然总有无数个疯狂的念头,但是每每做决定的时候,我们总是因为内心那些"不安全感"而没敢迈出那一步。

再不疯狂,你就老了!

再不找到灵魂真正的渴望,你就真的老了!

虞美人集团内训趣事　　　　2013年6月4日

刚结束虞美人集团的内训,又困又累!今天凌晨6点起床,专门为这批做美容的男天使和女天使准备了一个新课件。一到会场,3台电脑都无法打开它,于是上午直接海阔天空地聊了5个小时。我意识到,杭州将成为我授课形式和风格的转折点,此后，我的课将可能不再使用课件和PPT。

我问男学员看见穿比基尼的女子感觉如何？顿时飘来各种答案。欢笑声中，我又问全体学员比基尼的智慧，学员笑着一起答道："性感！"我咯咯直笑，调皮地逗大家："比基尼的智慧是暴露的都不重要，重要的都不暴露！"哈哈！

以后呢，不用再看PPT，暴露的都不重要。看思瑶，专注地看我，因为重要的全在思瑶这里！哈哈！

给人方便、自信和欢喜　　2014年3月20日

人们的修行大体可以分为五种。

第一种是迷信，第二种是反迷信，这两种比较容易理解，我们不再展开阐述。

第三种是死修，是按照古人、古书、古法去做，墨守成规，丝毫不懂得改进，近乎迂腐，说得头头是道，但修而无进，结果常常是无功而返，或功德不大。

第四种，插一面修行的旗帜，鼓吹自己修得好，说东道西，通过打击、踩倒别人上位，满足自我对被关注的渴望，实现背

Chapter 5
灵心慧语

后隐含着的信念。

第五种,既有第三种的坚持,又有与时俱进的灵活性,常常大成!

传法,是寺院的,更是人间的。传法的过程,可以丰富生活、璀璨生命,让人如实生存、了脱生死。

最好的弘法,是能够帮助人们处理生活上的问题,这样才有感召力,才能感召大家都来信仰。最好的布教,是让人们愉快,使人们的生活更美好。最好的利生,是认真解决人们的痛苦与疑难,让大家发现自己的真心。

给人方便,给人自信,给人欢喜!

思瑶于上海

由觉醒而觉悟　　　　　　　2014年9月6日

觉醒的人,面对恐惧,体验恐惧,穿越恐惧,抵达喜悦!而开悟的人,自动欢庆,自在欢庆,自由欢庆。

绽放心灵

喜悦是发生，而非行动！

思瑶于上海

活出自己 2014年11月20日

今天我从重庆飞回上海家中，明日再飞到深圳授课。

这两年我有了一些"丝"：粉丝、钢丝、金丝……老少皆宜。

我乃一介草民，在学术权威眼中，只不过是一个草根，连"草根文化"这个字眼儿也不配。他们认为我不过是从印度带回几个肤浅技术哗众取宠罢了，于是对我嗤之以鼻。但无论他们如何打压、抨击，我依然在水一方、娉娉玉立、仙女飘逸，女神般强大地走出了自己的康庄大道！

他们的确知识渊博，我尊重他们，也感恩他们的评论令我不断自我反省和修正。但我仍要温柔地发表拙见："为什么大家探索、研究了这么久，却仍不能让人们'发生喜悦'？"

我的答案是：喜悦不是一项运动，也不是一个活动，它只能被"活出"。我也想问问研究者和大学问家们："你们活出

Chapter 5
灵心慧语

喜悦了吗？"

我吸引了众多男女老少，他们之所以靠近我、跟随我、支持我，都源于我身上有一些品质，是他们自身也具备却没有活出来的部分，他们内心深处有一份深切的渴望。

我身上的这些特质是本、是体、是根、是道；而我的活法是法、是理、是术。

我特别突出的特质是真实、纯净、简单、直接、勇敢、善良、义气、智慧、浪漫、超然、光速、慈悲、喜悦，等等。

远方登机广播响起，我要上飞机啦！亲们，深圳课程见！

思瑶于重庆机场

品店小歇　　　　　　　　　2014年11月21日

风雨兼程回到深圳，又至重庆，其间赴了一场豪宴。

第一道菜是刺身龙虾，第二道菜是从法国坐飞机来的生蚝，第三道菜是大鲍鱼……对于每日青菜萝卜小米粥的我来说，实在是太挑战了。

不过，入乡随俗，这也是生活的一部分，或者说是另一个群体的生活。

单纯用好坏界定价值，是表面的。每一种生活方式背后，都有其意识状态，都有其存在的意义，即所谓"存在必有价值"。

思瑶于深圳机场满记甜

智慧人生要做"准"　　　　　　2014 年 12 月 28 日

智慧的人生，不是做"多"，而是做"准"。

这个"准"就是生命本意，就是上天赋予你的"道"，也是你的使命所在。你在"道"上运作行走，就是活在你的使命里，活在上天的旨意里，就会毫不费力。

自然，当你没有活在生命本意之中，甚至与之背道而驰时，上天就会给你设置障碍叫停你。

一切发生只为让你回归"道"上，回归爱中。

Chapter 5
灵心慧语

看到时，此岸即是彼岸　　　2015年1月9日

在生命的长河中，每一分、每一秒都有人、事、物浮现，重要的不是每一分、每一秒发生了什么，而是这一切发生终将会过去……这才是宇宙的美妙之处！

生命不是用来解决问题的，而是让你从问题中看见自己、认清自己。

看到是第一步，也是最后一步。看到即是解脱，看到即是自由，看到时，此岸即是彼岸！

思瑶于深圳

给生活加点儿料　　　2015年1月20日

像孩子般活着吧！他们总是那么容易满足，一个小圈儿就是他们的全部，并且百分百投入。

给生活加点儿幽默吧，就像给咖啡加块糖一样简单！

如果你正面对困境、遭遇不幸，请放松脸部肌肉、放

松全身，调频到孩童状态，微笑着对上天回应："上天，你好幽默啊！这个游戏有些难度，对我是个挑战。我有些丧气、有些抱怨、有些胆怯、有些无助、有些害怕……我想逃跑……"

当我们可以诚实地面对自身存在的问题的时候，担当已在无形中发生。

世间种种没有以你想要的方式发生，并不是老天不公平。没有以你想要的方式爱你，并不等于不爱你，而是以最适合你的方式深深地爱着你。

所以，请回应老天："你好幽默哦，我好喜欢你！"

自夸是个好品质　　　　　　　　2015年1月26日

自夸是个好品质。

一个人能做到不掩饰、不含蓄、坦荡荡地自我赞美、自我表扬，那他活得是多么自由自在、率性真实啊！这一行为的背后是他的勇敢、自信、配得、解脱……

你评判，是你不允许别人自由；你评判，是你见不得别人

Chapter 5
灵心慧语

好；你评判，是你忌妒别人；你评判，是你无法接纳自己；你评判，是你与自己对抗。归根结底，是你还没有活出自己！

思瑶于西安

Chapter 6
平平淡淡才是真

  我已经很久没有自由、不自由的概念，很久没有了故乡与异乡、此岸与彼岸的思考。如今，我知足、满足、脚踏实地地扎根在大地母亲深情的怀抱里，我终于有根了。我已经成长为一棵大树，结束了浮萍的漂流，完成了蒲公英的流浪，终结了爬藤的依附。

Chapter 6
平平淡淡才是真

乐山乐水

荆棘鸟　　　　　　　　　　　　　　2012 年 11 月 7 日

传说有一种美丽的鸟,将身体插入荆棘中,便能发出天籁之声,但一生只唱一次,曲终而鸟亡,人们叫它荆棘鸟!

孔子说:"智者乐水,仁者乐山。"对我来说,山水之间,寄托了我的文化苦旅、财富之旅、激情耀旅、生命之旅。我曾有 5 年的时间终日在天上飞,每年飞 31 个国家,千锤百炼后,飞翔生活方告一段落。

此刻坐在上海浦东机场候机厅,下午 3 点要飞离上海去见法国人，4 点见美国人，晚上 9 点再飞回上海。8 日，召开公司全体员工会议。

无惧、笃定、感受、宁静、欢喜……

我的歌声在层峦叠翠的山中，在霜林如染的路上。

热诚与自在　　　　　　　　　　2012 年 10 月 19 日

在巴黎，看到一群脚蹬 10 厘米甚至更高的高跟鞋的法国女郎行走自如、风情万种，我自叹不如。

我习惯脱掉 5 厘米高的高跟鞋，赤脚在红地毯上蹿上蹿下，这时候，往往有器宇轩昂、有品位的法国男人瞪大眼睛看我，出于好奇抑或想早点儿结束眼前这道另类的风景，主动帮我干活，还送上一杯卡布奇诺，哈哈！

我就是如此喜爱法国，心中有块怀旧的净土——马赛，那里有我少女时代所崇拜的神秘而智慧的魅力男人——"基督山伯爵"。

Chapter 6
平平淡淡才是真

小姑娘的天井　　　　　　　2012年12月12日

大殿中有个小姑娘最喜欢的地方，它有点儿像我最喜欢的四合院，中间有天井，还有回廊，摆放有盆景植物，美式、中式、印式风格融合在这一方小天地中，唯一的缺憾是少了一个莲花水坛。

它就在那里静静的，不张扬、不耀眼，自有一种静合之美，总令我联想到童年的一个画面。好熟悉的味道，风都是一样的气息，老家、童年！这幽静的感觉，让我想起了曾经读过的《瓦尔登湖》。那是美国作家梭罗独居瓦尔登湖畔的记录，描绘了他两年多时间里的所见、所闻和所思。大至四季交替造成的景色变化，小到两只蚂蚁的争斗，无不栩栩如生地再现于作者的生花妙笔之下。

是的，人们所追求的大部分奢侈品，大部分的所谓生活的舒适，非但没有必要，而且对人类进步大有妨碍。有时候，远离尘嚣，在自然的安谧中寻找一种本真的生存状态，是一种更诗意的生活。只有这时，我们才能冷静地观察和思考，才能真正追求精神生活，才能真正关注灵魂的成长。

当然，喜欢热闹的学员大概不会注意到这里，这儿已成为我的"私享",成为我一个人发呆、玩耍的地方。一大壶玫瑰花茶、一个红苹果、几块巧克力,坐在地上,透过天井仰望四方天空,我徜徉其间,独享宁静与欢喜。

印度男子的一杯奶茶　　　　　　2012 年 12 月 17 日

至今,到印度已达 24 次之多,"穷"是这个国度留给我最深刻的印象。在欧美,偶遇某位男士替你埋个单、送朵花,司空见惯!但我从未想过这种事也会在印度发生,可它活生生就发生了。

事情的经过是这样的:当时我买奶茶吃,递给店主 500 卢布,结果店主不收,只问我要 10 卢布的零钱,我正要掏零钱,耳边突然响起一个声音"我有",接着,一只手臂越过我,递给店家 10 卢布,于是我顺利地端到了一杯奶茶。一贯的独立意识,让我习惯性地从钱包中翻出 10 卢布还给那个印度男人,他竟然对我说了声"谢谢"便收下了。

唉!真是"不是冤家不聚头"——自己不解风情,那个印度男子竟也不解风情。

Chapter 6
平平淡淡才是真

金奈的鲜花市场　　　　　　2012 年 12 月 18 日

11 月 14 日的闭关,让我见识到了金奈最大的鲜花批发市场。

11 月 11 日,我从上海飞往金奈,在司机送我去上海机场的路上,我把 10 枝百合花忘在了驾驶座旁,爱花的我抵达金奈后第一件事,便是请司机带我去花市。

可爱的司机唱着歌儿,在市区蹿前蹿后、蹿左蹿右,我情不自禁地随着他的欢唱舞动双手,跺脚打拍子,左右摆动身体。

一路欢快地驶入花市,超乎我的预期,金奈的食品和服装商场虽不怎样,花卉市场却超级庞大繁荣,也难怪,印度人爱花世界闻名!

茉莉、玫瑰铺满地,还有好多我叫不出名字的当地花卉,虽然品种繁多,却不是我想要的。逛了 100 家店,终于找到了几枝小小的百合,颜色还是黄的。不过好歹也是百合了,我抱着它们喜滋滋回到学校,装饰我的小黑屋。

闭关期间,屋子里黑得伸手不见五指,闻点儿香味也幸福呀! 8 枝黄色百合,陪我度过了 5 天黑关。感恩!

一个充满恩典的地方　　　　　2014年8月13日

我用发现花蜜的眼睛发现，这是一个充满恩典的地方，这是一群被恩典的地球公民。

阿联酋迪拜政府免费给每个公民分配土地，提供给每个公民就业岗位。每个公民看病不要钱、读书不要钱、修房时可获得无息贷款，政府还资助公民出国留学、发奶粉给宝宝们……

不知道这里的男人累不累，他们可以娶四个太太，给四个太太建一样的房，买四份一模一样礼物，陪伴四个太太的时间也要一样长……

迪拜国王独自开辆奔驰越野车，还像我们一样独自逛街……

我的钱包手机整天放车里也不会有人砸车抢劫。

在这里，我那开公司的女友最喜欢去的地方是当地政府，最喜欢打交道的人是当地公务员。政府工作人员敬业、祥和、不快不慢……政府机关处处播放有关朝拜的视频。

这里没有穷人，没有人为生存担忧。这里的人们一天朝拜四次，每个人心存敬畏和臣服。如此富足、信仰和热诚，他们

Chapter 6
平平淡淡才是真

还用得着贪污吗?

思瑶于迪拜

黑袍包头的背后   2014 年 8 月 14 日

原来,黑袍包头不仅仅是宗教信仰的要求。穿上黑袍,身上不但不觉得热,太阳光线的辐射也会因之减弱。穿上它,我没有水土不服,也没有满脸发小痘痘。男子白袍,女子黑袍,一阳一阴,太极流动畅美!

黑袍包头,让我的见识成长,让我看到了自己的局限和不包容。

四女子   2014 年 8 月 14 日

在阿联酋,我认识了 4 个女子。

一个 16 岁开始游走世界,极具语言天赋,英语、阿拉伯语都标准流畅。15 年来,她摆过地摊,当过小个体户,终于打入阿联酋的中端化妆品市场。

另一位16岁学佛，为了传法，21岁时来到迪拜。她说自己靠教瑜伽维持生存，另一半时间用来传法。对她来说，继续传法是她的信念和使命！

还有一位非常务实，中规中矩大学毕业，进入跨国公司并被派驻迪拜，一天10小时热诚地向欧美人推销酒店，快乐地数着钱。

最后一位大姐，主攻情感，专业、职业化地找老公。她说，找一个成功的老公，也是自己情感职业化的成功。最后，一位拥有21亿美金身家的德国石油大亨娶走了她。

听说迪拜国王次子三十多还未婚，我的一位好友"爱死"了他，还给我发来10张有关他高大上照片。我告诉她："心动就行动吧，追求自己心爱的人是生命的体验之一。百分百地活出，也不枉世上走这一遭！"

我上看下看左看右看，无论好友推荐哪位迪拜高富帅给我点评，俺的心儿也不"扑通"。看着她手舞足蹈、表情夸张地陶醉仰望着迪拜国王，我也没有违心讨好地赞一声，真不好意思啦！俺不解风情、不解人情、不解心情。哈哈！

Chapter 6
平平淡淡才是真

这里没有我的"菜"。

正如王国维所言:"一切景语皆情语。"虽然身在异域,但我对"异国他恋"并不感兴趣,只喜欢这里的沙、风、人、物、景、空气、阳光……它们常常让我想起苏轼笔下的空灵明媚。在我眼里,这里的山水是和人相亲相和的统一体,面对这些山水,我能看到自己的生活激情和勃发的生命意识。

但生活激情和勃发的生命意识并不来自阿联酋宝宝——如果是像普京一样的宝宝,我还是欢喜的!

明早飞向马尔代夫。

俯瞰中东　　　　　　　　　　　2014年8月15日

迪拜凌晨3点起床,3点30分出门,正遇上酒吧出来的一群群夜猫子。天气依旧如烘烤般热呀!

经卡塔尔转机,这里的温度明显降下来了。世界上最富有的女人——卡塔尔王妃就在这里。

终抵目的地是美丽的马尔代夫,和风、蓝海、阳光、白云……

第一次乘坐水上飞机,飞机滑翔助跑低空飞翔1小时后着陆登岛,岛上只有 60 个房间,我住的小院精致唯美。

旅途奔波了一天,把衣服、物品整理好,躺上公主床上,美美睡一觉。

思瑶于马尔代夫

Chapter 6
平平淡淡才是真

往事如烟

自由与自在   2013年12月17日

对自由的追求永远不会有终点，我们终其一生追逐到的自由不过是新的不自由。

作为一个社会人，我们根本没有自由。

小时候喜欢自由玩耍的我，却不得不在父母的管束下学习，对于那时的我来说，最幸福的事就是不去上学；长大后完成学业，就职于令人羡慕的单位，还是没有逃脱被管束的命运；最终，向往自由的我，在半年后辞职，离开家乡去追寻自己想要的生活，第一次品尝到自由的滋味。

通过奋斗，我拥有了自己的公司，有了房子、车子，有了富足的钱……这些年来，我游历三十多个国家，看过许多风景，认识了许多朋友。可即便这样，我发现自己还是不自由：我不只属于我自己，我受制于我的公司，受制于我的员工，受制于我的客户，受制于我的亲人……我纠结、左右为难，分不清好坏对错，不知道该怎么办，我在外在寂寞与内心孤独中迷茫……它们挤满了我的生活，我的内心感到疲惫不堪。

终于，我于2011年选择前往遥远的印度探索生命的真谛，如僧侣般苦苦求索！我把公司交给我的闺蜜管理，自己则前往印度求学达四十余次。

完成学业回国后，我组建了第二家公司，并发起"让爱循环·祝福中国"公益行活动。如今，我已身在故乡。

我已经很久没有自由、不自由这样的概念，很久没有了故乡与异乡、此岸与彼岸的思考。如今，我知足、满足、脚踏实地地生活每一天。扎根在大地母亲深情的怀抱里，我终于有根了。我已经成长为一棵大树，结束了浮萍的漂流，完成了蒲公英的流浪，终结了爬藤的依附。我做自在的自己，顶天立地！我爱自己如是的存在，我爱自己如实的自在！

Chapter 6
平平淡淡才是真

我终于明白：与其追寻自由的异乡，不如享受自在的故乡……

一家充满阳光的公司　　　　　　2014 年 10 月 20 日

畅游公司有六千多员工，平均年龄26岁，是一家阳光、青春、单纯的公司。畅游公司的员工们幸福、纯情，我们集体意识中的所谓人生伤痛和生命磨难，在这里全然不见踪影。一位女员工说："我好幸福！月经来了，昨晚老公给我烧了热水，帮我洗碗。"这是她心中美美的幸福。另一位奇女画了一幅漫画，横批："我想我太倔强了，明明靠脸蛋生活就行，偏偏要靠才华！"哈哈！

思瑶于北京

少轻狂，青春无悔　　　　　　2014 年 11 月 23 日

昨晚讲完课，素颜休闲装离开办公室。被一群学员撞见，

因为第一次见老师生活装打扮，她们便拉住我拍照。

  我是时尚潇洒女，衣服多到需要专门有个房间装，一天一套，绝不重复。许多衣服几年后还挂着吊牌，如后宫未被临幸过的嫔妃一样。年少轻狂，青春无悔。哈哈！

  那些岁月飘移在30多个国家，工作之余，旅行购物，什么都新鲜好奇，什么都喜欢尝试，狂买！穿过后的旧衣服捐给山区。

  我的同学在市政府工作，我的故事就被他广为传说成笑话："有一天陪领导下乡，远方见一老妈妈在插秧，而且她腰上有什么东西在反光，走近一看，哇噻！她穿着一条时尚的超短裙，那品质一看就是欧货——特别是那个发光的商标。一打听，老妈妈说这裙子是别人捐给贫困山区的，她一眼就看中了这围腰，有了它就不用再穿长裤卷裤脚，插秧也不会弄湿裤脚啦！"

  哈哈哈！

"女汉子"的养成　　2015年2月21日

  那些年，父母工作下班回家时间不固定，自然无法照顾我。一岁后，外公外婆就把我接到了重庆。我是在嘉陵江边玩着沙

Chapter 6
平平淡淡才是真

子被放养长大的。"女汉子"的气质与气概早在那时已经养成。那时,我哥哥也要崇拜我几分,因为他被别人欺负了,我单手出击也会把欺负他的男孩头上打个包。为什么要单手?因为另一只手疯玩时骨折了。嘻嘻!

思瑶于上海家中

人民教师　　　　　　　　　　　　　　2015 年 8 月 7 日

我并非出生于书香门第,也没有混成高级知识分子。然而,不知从何时起,我身上竟然散发出为人师表的气质,以致陌生人都会问我是不是老师。就连去商场,售货员都会问候我:"老师好!"今天散步时,我又听到灵魂深处传来一个声音:"我是一个名副其实的人民教师!"

的确,我不参与任何宗教和造神运动,不搞个人崇拜,也不做什么大师。我只是不断地自我内省修正,做大家的"人民教师"。我愿意把自己的路走得更宽、更长久些,从而脚踏实地、真诚真实地为大众服务。

Chapter 7
关于公益行

我几乎天天都会遇到困难、指责、批评、抵毁和伤害，但我可以云淡风轻、温柔地一笑而过。我相信，一个动作坚持下去，可以影响世界。

Chapter 7
关于公益行

让爱洒遍天涯

内容重于形式　　　　　　　　　2012 年 8 月 1 日

　　山西、哈尔滨、北京、广州、昆明、临沂、苏州、四川共 8 站,一路千般滋味在心头。

　　写到这里,泪不由自主从心中涌出,静下心来回想这一路,我们共同在体验中成长!成长重于成败得失!就像一位学员所分享的:"我们一家三口的爱是从离婚那天才开始的。离婚让我开始审视自己,清理、疗愈后,爱的流动便没有了堵塞。爱情、婚姻和家庭是否幸福,不是一纸结婚证或双方住在一起就可以证明的。儿子这样说：'爸爸妈妈，你们离婚5年了，可这18年来，只有现在，我们才有一家人的感觉。'"

当有爱流动在关系中，即使没有复婚，甚至各自都已经有了新爱，也依旧不会影响一家人温暖的感觉，因为他们内心相亲相爱！

你可以影响他人　　　　　　　　2012年8月20日

英国一场达人秀比赛中，一位中年大叔表演跳舞。

上台后他左右舞动双手，一分钟，二分钟，三分钟……评委不耐烦了，举牌令他下台；四分钟，他继续左右舞动；五分钟，乐队停下来，他依然保持这个动作左右舞动；六分钟，观众席上站起来一个人跟着他左右舞动；七分钟，八分钟……越来越多的人站起来和他一起舞动双臂；十分钟后，乐队再次奏响；十一分钟后，评委站起来与他一起舞动；最后全场一起左右舞动……

一个动作坚持下去，你可以影响世界！实现全国四十一场公益分享会目标前，我几乎天天都会遇到困难、指责、批评、

Chapter 7
关于公益行

抵毁和伤害，但我可以云淡风轻、温柔地一笑而过。

我在回家的路上　　　　　　2013年2月27日

我只是个小人物，只是浩瀚的宇宙中一颗小到看不见的尘埃，我在回家的路上。

北京公益行壮观、震撼、成功、圆满！我们只有角色的不同，没有贡献大小之分。感恩叩谢全体北京学员，找不到更合适的词语可以用于描述我感恩的心。

一切刚刚好　　　　　　2013年3月5日

准备飞往广州佛山讲课，主办方来电，欣喜告知报名的听众已经远远超过500人，还不包括他们自己的员工。

我很开心！

两年前，我就有过去佛山讲课的念头。这缘起于一个"雷人"。我们是同学，他经营的公司拥有3万名员工，年营业收入180亿元。那时我刚从印度求学归来，心中充满了热诚，却未曾料到，我充满激情的演讲竟然刺激到了这位老兄。于是，我俩便开始文字博弈。我非常想征服他，而他则不能接受被一个小女子教导。后来，这位老兄被医院通知"病危"，他体内的癌细胞已扩散，然后，"千古名言"就这样产生了："雷人"拒绝去医院做手术，坚持要去外地开会，临行前他还说："老子要把肿瘤炖来吃！"那时，我彻底对他无语加失望！但奇迹的是，"雷人"强大的意志和心灵力量竟然奇迹般地战胜了癌症，令我不得不佩服！

两年后的今天，应天使宝宝的父母柳丹、文格的邀请，我再次来到佛山讲课！

佛山，我来了！感谢天使父母柳丹、文格。没有太早或太晚，一切刚刚好！

思瑶于前往佛山途中

Chapter 7
关于公益行

像风一样的"女汉子"　　　　2014年1月8日

今年的任务已经完成，干得不错，过得也不错，得以享受秋藏冬眠！

回想这一年，过得并不容易，遇到了多少困难自不必说，更受到了来自外界的众多非议。

非议一："学会低调！"我纳闷了，我做此事根本没有高调、低调的概念，恕我愚钝，人情世故方面我比较弱智。

非议二："渴望被关注，想出名，想流芳千古！"我无语了，难道非要我默默无闻或者遗臭万年才能令你舒服？

非议三："一个把灵性当商业，并做到了极致的商人！"我哭笑不得，修行前我已是商人，现在我是灵性商人。忠诚于这份事业，将它做到极致，我喜欢！

非议四："现在你是导师，你的影响力太大了，你德不配位！害人！"我糊涂了，你认为我不行，你去创造一个拥有更大影响力的，何苦费神担心我的影响力害人？

非议五："国家会抓你的。你到处大肆宣传灵修，会引起政府的关注，应该缩小你的活动范围。"我不解：我又没干坏事，为什么怕被关注？与国家同心，爱国、爱党、爱政府、爱人，怎会有危险？

非议六："你做公益使我们这些收费的课程没有人听，影响我们挣钱了！"我彻底崩溃了：我们的团队研发推出一系列商业课也成功了呀！你们只不过是在逃避真相，找理由掩盖自己的无能。

这一年，我把春夏秋冬全关在门外，屏蔽所有的非议。脚踏实地、任劳任怨、全力以赴、全心全意地行动，勇敢地行动！这一年的公益行，13场财富课，企业内训，共计学员2.4万人。

深圳公益行，陷害者人为报警，派出所来了。我的助手被扣留在派出所，公安局指定的机构架着摄像机拍摄了全部课程。那两天，我的内心只有一个声音："讲好课，一切等课程结束后再说。"课程结束后，我和同事向派出所表明态度："如果我讲的内容有违反法律和国家政策的地方，请指出，我愿意改进。如果不允许我继续讲下去，我就不讲了。但是如果我的内容没有错误，我会要求立案号，既然对方找市长热线报案，我就要找政法委。"录像被送到相关部门鉴定分析后，最终以皆大欢喜结束！党和政府其实一点儿也不可怕，可怕的是变异的人心呀！

Chapter 7
关于公益行

沈阳公益行，阴谋者打匿名电话到中国人口福利基金会，连续3次告状。最后一次，相关领导回复匿名者："李思瑶违反了治安，你向公安局举报。违反了国家安全，你向安全部举报。我们只看到她在做事！"

这一年，"让爱循环·祝福中国"在肯定、祝福、感恩声中将爱传递到了大江南北！

万水千山，我已走过！艰难困苦，我已尝过！风风雨雨，我已经过！阴谋陷害中，我依然存在着！我不完美，我只需真实。

永不言弃！让爱循环，将爱传递开来！

思瑶于北京

摆正序位　　　　　　　　　　2013年5月30日

我要倡导端正我们与党和政府的关系。从国家序位方面，我们内在必须尊重、臣服党和政府——"你大、我小"，与一个家庭中爸妈大、我们小是一个道理。

思瑶于深圳

我的信仰   2013年10月18日

在此我要澄清说明：我对政治没兴趣，所以我不评判政治。我不懂政治，所以不介入政治；我没有宗教信仰，所以我也不搞宗教。

我的确在修行、修德、修善、修爱。

我做全国公益行、财富课、企业内训课等，只是想分享思瑶的活法，即思瑶的生活、思瑶的方法。仅此而已！

我不代表谁，也不呈现谁。我不代表全体真理，也不呈现全体真理。我是我自己，我呈现我自己。

70亿人，70亿个独特性，70亿个体验，70亿个真理。我不追求统一性，我接纳兼融所有独特性。

我感恩生我养我的父母，我敬他们如神；

我感恩生我养我的这片土地，我敬中国如神！

Chapter 7
关于公益行

我只看党和政府好的一面，正如我看人们好的一面，我体谅、感受到党和政府的不容易，我敬其如神！

中国精神，中国文化，中国原创，中国表达。

我非常喜欢这四句话。

中国梦，我的梦！中国心，我的心！

我这样在中国生活着！

我只代表我自己   2014年10月30日

明天就要飞往襄阳，"让生命成为欢庆！""让爱循环·祝福中国"公益行第72站喜悦开启！

我只代表我自己。我的生命是伴随无数的老师走到今天，感恩生命中多门多派、众多智者和圣者培养我、成就了我，同时我也荣耀了他们。我不是蔓藤，更不是浮萍，我是乔木！自力更生，唯我（自性）独尊！我倡议、发起、主办的"让爱循环·祝福中国"公益活动，是中国人的，是我们一群志同道合者的生之探索与活出呈现！

中国人在不断地觉醒中探索前进，中国人更渴望滋养。中

绽放心灵

国渴望和平、丰收和喜悦！

让喜悦充满中国，让欢庆成就中国！

当下绽放！当下喜悦！

思瑶写于上海家中

大爱之道　　　　　　　　2014 年 12 月 6 日

今天的课程在黄渤的《去大理》的歌声中展开，我把昆明课程主题定为"心花怒放"下的意图，即是疗愈伤痛，让人们心花怒放。正如我昨天讲的，今天的流程会在爱与慈悲中相融。内心无限和平。我的开悟不来自寺庙，也不来自闭关，它来自红尘里一点一滴的奉献付出，来自每一粒眼泪和汗珠中折射出的水晶的光芒，众爱移山，大爱才是我的道！为更多人怒放、为之服务终生，我愿意！

思瑶于昆明

Chapter 7
关于公益行

老师须有服务精神　　　　　　2014年12月21日

在每一场公益行感恩环节，我都心怀百分百的忏悔、臣服、尊重、谦卑、归零，都百分百地向全体义工和学员鞠躬叩谢！

一个真正内在无我谦卑的人，他会对万物心怀感恩，他会把天地万物视为老师，并表达深深的感恩之情。

外行看热闹，内行看门道。一个没有真正服务精神的老师，是做不到心甘情愿和毫无保留地无条件付出的。老师自己都无法抵达纯净意识，怎么可能带动集体意识的扬升？

今早收到一位培训师来信：

思遥老师：

辛苦了！第一次听你的课，让我大吃一惊，以前对你不太了解，没想到你的公益课都能讲得这么好，我收获很大。所以没加考虑就迅速报上了你的财富课，很期待。这次参加义工活动让我收获满满，也感受到了你博大深沉的爱，以及你那份纯粹、天真、自在，真的好爱、好喜欢，我觉得你像天使，美丽、纯净、喜悦、慈悲的天使，爱上你了！

绽放心灵

爱人、爱家、爱国　　　　　　　　2015年1月31日

难得有几天休假,却依然要工作。此刻,赶工修改完2015年公益行的宣传文案,交给品牌部。今年的公益行宗旨:爱人、爱家、爱国!

"让爱循环·祝福中国"是一个爱人、爱家、爱国的传递正能量的祝福活动,其中自然充满着和平、喜悦和爱。

我们内在的正能量决定着我们生命的品质。

当爱流动、循环时,我们将处于喜悦的正能量层级,成为一个快乐的人。

一个快乐的人会创造一个快乐的家庭,一个快乐的企业家会创造一个快乐的企业。更多快乐的人聚在一起将创造一个和平快乐的地球!

"让爱循环·祝福中国"公益行已历时2年8个月,行走中国五十多个城市,奉爱75场成人公益行、3场父母公益行和1场大学生公益行。

课程零收费帮助六万多个生命身心灵成长,帮助人们从伤痛走向绽放,从疾病走向健康,从受苦走向自由,从无力走向勇气,从匮乏走向丰盛,从贫穷走向富足,从无明抵达光明……

Chapter 7
关于公益行

头脑的交流和灵魂的交流　　　　2015年2月5日

前几日适逢父亲在上海，我带他去展览公司参加年会。

总经理让我致辞，那一刻，昔日在讲台上淋漓尽致、挥洒自如的我，嘴唇却无法开启，瞬间，一切进入深深的静止，我在静止中轻轻展开笑脸。爸爸急了，悄悄在我耳边说："你是董事长，你不说话，大家会以为你不开心、不满意……"可是，我依然动不了，只感觉无边无际的宁静美丽！最后，爸爸不得不站起来帮我致辞……哈哈！

于我，头脑与头脑的交流需要语言，灵魂与灵魂的交流需要禁言。

年会结束后，总经理邀请我一起去好乐迪K歌。同事们歌呀、情呀、伤呀、悲呀、欢呀、蹦呀……

想起正帮我们创作《让爱循环》主题曲的赵小源老师告诉我的，之前他总要想方设法写出三角恋、苦恋，市场需要呀！哈哈哈！

而我不知道从何时起，只会唱欢庆、充满正能量的歌……

头脑与头脑的交流需要语言，心灵与心灵的交流需要音乐，灵魂与灵魂的交流无语无声……

一切静止。

思瑶于上海

天佑中国　　　　　　　　　　2015年2月21日

2015年"让爱循环·祝福中国"公益行活动，将以"爱人、爱家、爱国"为主题，一如既往地在祖国各地零收费服务奉爱。

正如习近平主席所说："不论时代发生多大变化，不论生活格局发生多大变化，我们都要重视家庭建设。"我们应该深深地感恩我们的祖国，深深地感恩曾经在这片土地上奉献过、生活过的祖辈们，深深地感恩中国政府和领袖们，深深地感恩承认、维护、支持和贡献中国的13亿生命！

13亿中国人啊，让我们心连心，为中华民族的伟大复兴而贡献，为中国的崛起而奋斗，为世界和平付出爱、传递爱，绽放吧！活出吧！创造吧！喜悦吧！欢庆吧！

思瑶于成都机场

Chapter 7
关于公益行

向雷峰学习
2015 年 11 月 8 日

我们是新时代的雷峰——全心全意为人民服务！灵性雷峰，奉爱人生！

祝福中华民族伟大复兴，为中国崛起，让我们发扬雷锋精神，贡献奉献！

顶天立地
2016 年 1 月 16 日

迷茫和迷失、混沌和困沌中，我们开始了浮萍人生和藤蔓人生。

我们的心依旧无家可归，因为我们的身没有扎根大地！

成为大树，方可结束流浪，开始顶天立地！

我顶天立地！

我和我的家族顶天立地！

我和我的祖国顶天立地！

绽放心灵

公益行学员分享

原来我并不讨厌后妈

一直以来，我都很讨厌后妈。通过上思瑶老师的课，我发现自己对后妈的讨厌源自内心对爸爸的不信任和对父爱的需求。

我进一步反省自己是否真的讨厌后妈这个人，答案是否定的，我是讨厌后妈这个角色，跟这个人没有多大关系。我又问自己真的不想后妈照顾爸爸吗？答案同样是否定的，我当然希望爸爸有人照顾。所以，我和后妈之间的问题的解决，有赖于

Chapter 7
关于公益行

我和爸爸之间关系的疗愈。如果我信任爸爸，和爸爸之间的爱流动起来，我对后妈的厌恶之情自然会消失，看后妈自然也就顺眼了。问题的解决从觉察自己开始！

听君一堂课，胜读多年书

或许真的是一种机缘，我还在武汉忙时，女儿就发信息再三强调，让我务必于某时返沪，和她一起参加一个重要学习会。我如期返沪，她却因故赶不回上海了，于是发信息让我单独去参加。本来就不太情愿去，赶巧家里又有亲人不慎摔伤卧床，需要人照料，这就更有充足的理由不去参加了，可女儿的再三叮嘱还是让我走进了公益课的课堂。

听君一堂课，胜读多年书。思瑶老师所推崇的雷锋的人生智慧、利他的服务精神、大家好才是真的好、天下父母皆我父母、所有孩子都是人类社会的孩子、人间大爱真情以及对中华民族崛起腾飞的企盼与肯定等诸多方面都让我产生了强烈的共鸣，四个多课时，我在不时的感悟中度过。

年轻的思瑶老师灵气逼人，巧妙地把精深的佛学引入、融入当下。课程的主题虽是理顺父辈与儿女的关系，思瑶老师却能旁征博引，使课程内容妙趣横生，充满人生智慧。

虽然她的课程内容中尚有些玄妙之处不太容易理解，但我们完全可以领会她授人向善积德、提升人的品位素质、开启人的觉悟慧根、使人乐观向上乃至提升整个中华民族总体素质的一种强烈而深沉的责任感与使命感。她播撒的是一种普度众生、造福众生、传播生活喜悦的人间大爱、觉醒真谛。

所以在发表课后感言时，我感谢思瑶老师亲手送的红苹果——寓意为希望之果、成功之果、圆满之果、幸福之果；与思瑶老师拥抱时，我发自肺腑地对她说："您是一位伟大的修行者！"

她的事业是崇高的，她对自己的解剖是真诚的、打动人心的。她言行一致、如实如是，不愧为一个卓越的灵修践行者与导师，具有超凡脱俗的人格魅力，拥有一种磁场般的感染力，她似乎真的拥有某种看不见的正能量。

上完思瑶老师的课之后我有所感悟：爱是永恒的，又是流动的；爱是崇高的，又是实在的。我们的长辈实实在在地爱着我们这些做儿女的，同时他们也希望儿女们实实在在地爱他们，

Chapter 7
关于公益行

共铸生活的喜悦,营造幸福的人生。

从不情愿参与到首次听课后发出由衷的赞叹,这就是一种机缘。

谢谢思瑶老师,谢谢思瑶团队!我爱思瑶老师,我爱思瑶团队所有工作人员,我爱天下所有的孩子……

一位准新娘的感谢信

我是去年福州公益课的一名学员,今天我就将告别单身生涯,步入婚姻的殿堂。也许我只是您众多学员中的一名,也许我只是在您的指点下开启自己新生活的人中的一员,但我还是想表达我内心的感激之情,特别是在今天这样一个特殊的日子里。

2012年的情人节,我与相识8年、相恋4年的男友分手,陷入人生的低谷而久久不能自拔,甚至有过离开这个世界的念头。都说时间是愈合伤口的良药,我却始终无法敞开心扉去重新爱上另一个人。

直到经朋友介绍参加了您在福州举办的公益课。当时我是

绽放心灵

抱着怀疑的态度去的，两天的课程里，我重新体验了一次曾经的伤痛，找到了噩梦的根源。我觉得我的人生又重新打开了一扇窗。一个月后，我遇到了现在的他，就好像冥冥之中的安排，一个很爱我的男人出现了，而我也以全新的自我接受了他。

谢谢思瑶老师，谢谢我们可爱的义工，谢谢整个思瑶团队，谢谢你们把爱传递给我，传递给每一个需要的人。我也一直在把思瑶老师的理念传递给身边的朋友。

祝福您，思瑶老师，祝您幸福！

争做仙女

思瑶老师说，这个世界上美女很多，才女、财女也不少，美女兼才（财）女也有，仙女却屈指可数。人生在世，我们的心灵成长只能依靠自我完成，静心将自己修炼成仙女，自然能感召到这世界上视你如珍宝的伴侣。

完成两天的心灵学习，感恩思瑶老师的全情付出。

Chapter 7
关于公益行

感恩爱人

谁没有执子之手、与子携老的人生期许,相信得以如此相濡以沫地陪伴终生是每个人都渴望的。

那么,请对自己的爱人说一声:"亲爱的,感恩你来到我的生命中,给我一个服务你的机会……"

公益课现场,一对金婚夫妇给在场所有的夫妻做了一个典范,他们相濡以沫七十余载,彼此欣赏,互相呵护,即使在公益课现场,人们仍能感受到他们之间的你侬我侬。这对神仙眷侣一路走来不离不弃,靠着对彼此的信念携手穿梭于世间,不能不让人生出羡慕之情。

这次公益课学员中有很多对夫妻,无论当初他们因何走到了一起,相随相伴的日子里,有心酸,也有喜悦。活动现场,他们在思瑶老师的指导下进行情感疗愈,当他们注视着对方含情脉脉的双眼时,久违的情愫油然而生,竟无语凝噎。

也许他们之间的爱已被柴米油盐酱醋茶这些家庭琐事打击得千疮百孔,或者多年甚或几十年来,他们已经习惯于把对对方的爱深埋心里,直至今天,经由思瑶老师的点拨才发现,原来彼此还是一如既往地深爱着对方。曾经爱得火热的恋人重温旧梦，沐浴爱河！你还是当年的清纯少女，我还是当年的英俊少年，只愿我们永远守在彼此的今生里，天地运转，生生不息……

大爱思瑶，大爱成都这片沃土的养育之恩，我们的生命才能够如此滋养、圣洁！

献给所有的单亲妈妈

女儿今年15岁了。15岁的女孩子，还没体验过父爱是什么。15年的成长日记里，只有妈妈企图两全的宠爱。15个春夏秋冬，只能活在妈妈的人生里，看妈妈的故事。

11月2日，我在襄阳公益课上见到思瑶。我的直觉告诉我，一定要让女儿见见思瑶。11月3日，女儿见到了思瑶。我知道，女儿一定会喜欢思瑶。没有人会不喜欢思瑶。我想让女儿看到一个喜悦的生命，一个发光的生命，一个充满爱、充满希望的生命。谢天谢地，聪慧的女儿拥有比妈妈更强的觉知力。

思瑶的一切对于女儿来说都是新鲜的。昨晚，女儿缠着我，要我讲有关思瑶的一切，她的眼睛里充满了好奇与渴求。我知

Chapter 7
关于公益行

道,和思瑶的见面已经在女儿的心里种下了光与爱的种子。

我如愿以偿,女儿感受到了新的生命形式和新的活法。通透的生命才能看到实相,15岁的女孩子是通透的。而我也顿悟:女儿是我生命中的一盏明灯,因为有女儿在身边,我才一步步走到现在。

我从没有像现在这样有那么多的话想对女儿讲:

宝贝儿,你是妈妈的宝贝儿,妈妈爱你!但是你的生命不完全源于爱,因为那时候妈妈不懂得什么是爱。15年来,妈妈倾其所有宠你、满足你、爱你,但那不是完全的爱。妈妈内在深处有一个小孩,那个小孩就是妈妈的童年。妈妈现在明白了,妈妈宠你就是在宠自己,妈妈满足你就是在满足自己。你外公外婆欠妈妈的童年,妈妈通过宠你、满足你来喂养自己的匮乏。那不是完全的爱。这样说有些残忍,但是妈妈不想对你撒谎。爱你,但不完全是因为爱你,如实如是。我的孩子,对不起,请原谅,谢谢你,我爱你!

宝贝儿,妈妈想对你说:你是妈妈的宝贝儿,妈妈爱你,但你不是妈妈的全部!妈妈是一个女人,女人一生要扮演5个角色:女儿、女人、妻子、母亲、女神。妈妈检查自己的前半生,竟然发现自己没有成功完成任何一个角色：本该做女儿的时候我在做母亲，本该做女人的时候我在做男人，本该做妻子的时候我不是在做女儿就是在做母亲，本该做母亲的时候我在母亲、父亲、女儿三个角色里来回转换。妈妈好糊涂啊，妈妈的人生功课做得太烂了！对不起，请原谅！谢谢你，我爱你！

宝贝儿，妈妈想对你说：妈妈是你的亲人，你爱妈妈，但是妈妈不是你的全部！记住女人的一生要扮演5个角色，你已经15岁了，你人生舞台的序幕将徐徐拉开，女儿、女人、妻子、母亲、女神这5个角色，妈妈希望你都能够好好享受，享受你的生命，享受女人完整的一生，享受喜悦。

宝贝儿，妈妈想对你说：去找你的同伴吧！融入你的同学，爱你的老师！家是港湾，累的时候回家歇歇。妈妈是摇椅，想念的时候回家靠靠。但这不是你的世界，你的世界在外面。勇敢，加油，我的孩子！走出去拥抱世界，活出你的人生，活出你的喜悦！

宝贝儿，妈妈想对你说：感恩你做我的女儿，给我机会宠你、满足你、爱你！经由你，我得以成为女人；经由你，我得以成为母亲；经由你，我得以重过童年；经由你，我得以成为男人、父亲。感恩你，妈妈终于长大了，妈妈可以独立了，接下来的

Chapter 7
关于公益行

人生妈妈要独立去经验。孩子，你不是妈妈的全部，妈妈也不是你的全部，去完整我们各自的全部吧！

早上起床，我把女儿带到隔壁房间，对她说："以后这个房间就是你的，你要习惯一个人睡。想妈妈的时候可以过来和我睡，但不能天天跟妈妈一起睡。我要做好准备等待我的爱人。你也要做好准备迎接你的人生。"女儿撇撇小嘴儿，笑了。

目送女儿上学，想起思瑶的教导：没有以你想要的方式来爱你，不是不爱你，而是以最适合你的方式深深地爱着你。

此文献给所有的单亲妈妈。因为路过你的路，因为苦过你的苦，所以懂得如何爱你！

让生命从爱自己开始

2014年下半年，我回乡休假期间，有幸聆听到思瑶老师的大型公益课——让爱循环，让我感慨良多、受益匪浅。

在此之前，我是一个好学生，勤奋认真，成绩优异；我是一个好员工，爱岗敬业，吃苦抗压；我是一个好女儿，听话乖巧，让爸妈省事省心；但我又是一个不爱自己、丢失自我的人。

我出生在一个普通的工薪阶层家庭，因为是独生子女，所以父母对我寄予了很高的期望。父亲最常说的一句话是：天高任鸟飞，海阔凭鱼跃。因此，望女成凤心切的父亲，在我还上幼儿园的时候，就开始对我进行知识学习的启蒙教育。

高中后，父亲的殷切希望随着高考的临近而步步紧逼，其间父亲对我说了一句让我终生难忘的话："我情愿你将来在外出人头地不认我，也不希望你在家乡恭顺温良地孝敬我。"或许父亲当初说这句话只是为了激励我好好学习，将来到大城市过上更好的生活。但是那一刻我感受到的是学习不好丢人，考不上大学丢人，在家乡工作丢人。

后来经过努力，我考上了本省的一所"211"大学，毕业后成功面试到上海一家大型公司上班，真正完成了当初父亲对我的期望。然而当这一切发生后，我并没有获得真正的快乐。

因为长期对自我的忽视，对逃离家乡的厌恶，我在上海成了一个没有根基的"孤魂野鬼"。当我和我的家乡获得朋友们夸赞的时候，我认为那是他们对我和家乡的恭维；当他们对我和家乡进行善意或无意的批评时，我却能快速地承接和认同。这种过分的谦卑，让我获得朋友同事欣赏、尊重的同时，也丢

Chapter 7
关于公益行

失了自我。

直到我听了思瑶老师的课后,我才意识到一直以来不开心的原因,开始了寻找自我之路,开始了寻根之路。

我开始关心自己,聆听自己内心的声音和自我真正的需求,用心抚慰这颗孤独受伤的灵魂;我开始关注父母,了解他们对我期望背后的故事以及他们过往的坎坷经历,消融我内心对父母的隔阂与偏见;我开始关注家乡,认真感悟家乡的人文历史和风土人情,体味故乡因地处南北必争之地而经历的战争创伤;我开始关注自己的祖先,他们经过了多少艰辛磨难,才为我们这些子孙后代选择了这方山清水秀的热土。当我经历这一切,用心梳理好自己和自己的关系、自己和父母的关系、自己和家乡及祖先的关系后,我的整个人生状态都发生了改变。我第一次发现,自己的笑容是如此的纯净美好、憨态可掬,我的父母是如此深沉地爱着我,我的家乡是如此的包容美丽。现在的我和以前的我,表面上没有任何变化,内心的喜悦却是如实如是地发生着。

感恩在我人生最迷茫的时候,聆听了思瑶老师的课,深深地感恩!

结语诗

那一天

仓央嘉措

那一天，闭目在经殿香雾中，蓦然听见，你诵经中的真言。
那一月，我摇动所有的经筒，不为超度，只为触摸你的指尖。
那一年，磕长头匍匐在山路，不为觐见，只为贴着你的温暖。
那一世，转山转水转佛塔啊，不为修来生，只为途中与你相见。
那一刻，我升起风马，不为祈福，只为守候你的到来。
那一瞬，我飘然成仙，不为求长生，只愿保佑你平安的笑颜。
那一夜，我听了一宿梵歌，不为参悟，只为寻你的一丝气息。
那一日，我垒起玛尼堆，不为修德，只为投下心湖的石子。
那一世，我翻遍十万大山，不为修来世，只为路中能与你相遇。
只是，在那一夜，
我忘却了所有，抛却了信仰，舍弃了轮回，
只为，那曾在佛前哭泣的玫瑰，早已失去旧日的光泽。

注：传为仓央嘉措大师所作，思瑶非常喜欢，录于此，与同好共飨。